Fatiha Benatmane
Jacques Mourot

Les aliments enrichis en acides gras n-3 et la qualité des viandes

Fatiha Benatmane
Jacques Mourot

Les aliments enrichis en acides gras n-3 et la qualité des viandes

Cas du lapin et du poulet de chair

Presses Académiques Francophones

Impressum / Mentions légales
Bibliografische Information der Deutschen Nationalbibliothek: Die Deutsche Nationalbibliothek verzeichnet diese Publikation in der Deutschen Nationalbibliografie; detaillierte bibliografische Daten sind im Internet über http://dnb.d-nb.de abrufbar.
Alle in diesem Buch genannten Marken und Produktnamen unterliegen warenzeichen-, marken- oder patentrechtlichem Schutz bzw. sind Warenzeichen oder eingetragene Warenzeichen der jeweiligen Inhaber. Die Wiedergabe von Marken, Produktnamen, Gebrauchsnamen, Handelsnamen, Warenbezeichnungen u.s.w. in diesem Werk berechtigt auch ohne besondere Kennzeichnung nicht zu der Annahme, dass solche Namen im Sinne der Warenzeichen- und Markenschutzgesetzgebung als frei zu betrachten wären und daher von jedermann benutzt werden dürften.

Information bibliographique publiée par la Deutsche Nationalbibliothek: La Deutsche Nationalbibliothek inscrit cette publication à la Deutsche Nationalbibliografie; des données bibliographiques détaillées sont disponibles sur internet à l'adresse http://dnb.d-nb.de.
Toutes marques et noms de produits mentionnés dans ce livre demeurent sous la protection des marques, des marques déposées et des brevets, et sont des marques ou des marques déposées de leurs détenteurs respectifs. L'utilisation des marques, noms de produits, noms communs, noms commerciaux, descriptions de produits, etc, même sans qu'ils soient mentionnés de façon particulière dans ce livre ne signifie en aucune façon que ces noms peuvent être utilisés sans restriction à l'égard de la législation pour la protection des marques et des marques déposées et pourraient donc être utilisés par quiconque.

Coverbild / Photo de couverture: www.ingimage.com

Verlag / Editeur:
Presses Académiques Francophones
ist ein Imprint der / est une marque déposée de
OmniScriptum GmbH & Co. KG
Heinrich-Böcking-Str. 6-8, 66121 Saarbrücken, Deutschland / Allemagne
Email: info@presses-academiques.com

Herstellung: siehe letzte Seite /
Impression: voir la dernière page
ISBN: 978-3-8381-4482-5

Zugl. / Agréé par: Tizi-Ouzou, Université Mouloud Mammeri, 2012

Copyright / Droit d'auteur © 2014 OmniScriptum GmbH & Co. KG
Alle Rechte vorbehalten. / Tous droits réservés. Saarbrücken 2014

-A ma mère.
-A la mémoire de :

                mon frère Saïd,
                mon père,
                mes grands-parents.

Liste des abréviations

Acétyl-CoA : acétyl-Coenzyme A
AFSSA : Agence Française de Sécurité Sanitaire des Aliments
AG : Acides gras
AGM : Acides gras monoinsaturés
AGPI : Acides gras polyinsaturés
AGPI n-3 : Acides gras polyinsaturés de la série n-3
AGPI n-6 : Acides gras polyinsaturés de la série n-6
AGS : Acides gras saturés
ALA : Acide α-linolénique
ANC : Apports nutritionnels conseillés
ARA : Acide arachidonique
ATP : Adénosine triphosphate
BCA : Bicinchoninic acid
BF3 : Trifluorure de Bore
BSA : Bovin serum albumin *ou* albumine sérique bovine
COX : Cyclo-oxygénase
CPG : Chromatographie en phase gazeuse
Δ5 : Delta5-désaturase
Δ6 : Delta6-désaturase
Δ9, D9 : Delta9-désaturase
DGLA : Dihomo-gamma-linolenique acid ou acide dihomo-gamma-linolénique
DHA : Docosahexaenoic acid ou acide docosahexaénoïque
DPA : Docosapentaenoic acid ou acide docosapentaénoïque
EDTA : Acide éthylène diamine tétracétique
EET : Acides époxyeicotriénoïques
EM : Enzyme malique
EPA : Ecosapentaenoic acid ou acide ecosapentaénoïque
ETR : Ecart-type résiduel
FAD : Flavine adénine dinucléotide
FADS : Fatty acid desaturase
FAS : Fatty acid synthase
G6PDH : Glucose-6-phosphate déshydrogénase
GMQ : Gain moyen quotidien (g/j)
HCO3 : Hydrogénocarbonate
HDL : High density lipoprotein
Kg/ hab/an : Kilogrammes par habitant par an
LA : Acide linoléique
LD : *Longissimus dorsi* ou long dorsal
LDL : Low density lipoprotein
LOX : Lipo-oxygénases

LT : Leucotriènes
LT : Lipides totaux
LTA4 : Leucotriène A4
Malonyl-CoA : Malonyl-CoenzymeA
MDA : Malondialdéhyde
ml : Millilitres
µl : Microlitres
NADP : Nicotinamide adénine dinocléotide phosphate
NADPH : Nicotinamide adénine dinocléotide phosphate réduit
PG : Prostaglandines
PGG : Prostaglandine G
PGH : Prostaglandine H
PGI : Prostacyclines
pH : Pourcentage d'hydrogène
qsp : Quantité suffisante pour
SAS : Statistical analysis system
T3 : Triiodothyronine
TBA : Acide thio-barbiturique
TCA : Acide trichloracétique
Tpm : Tours par minute
TX : Thromboxanes
VLDL : Very low density lipoprotein

Sommaire

Liste des abréviations
Introduction générale 9
Synthèse bibliographique
Chapitre I : La viande : définitions et caractéristiques nutritionnelles
I-1- Introduction.. 13
I-2- Définitions 13
I-3- Composition et valeur nutritionnelle 14
I-4- Production et consommation de la viande dans le monde et en Algérie 15
I-4-1- Dans le monde 15
I-4-2- En Algérie 16
I-4-2-1- Viande de lapin 17
I-4-2-2- Viande de poulet 17
I-5- Apports nutritionnels de la viande de poulet et de lapin................................ 19
I-5-1- Viande de poulet 19
I-5-2- Viande de lapin 20
I-6- Qualités nutritionnelles de la carcasse et de la viande des animaux 21
I-6-1- De la carcasse 24
I-6-2- De la viande 25
I-6-2-1- Qualité nutritionnelle ou diététique 25
I-6-2-2- Qualité sanitaire ou hygiénique 26
I-6-2-3- Qualités sensorielles ou organoleptiques.. 26
I-6-2-3-1- Aspect 26
I-6-2-3- 2- Texture 27
I-6-2-3-3-Flaveur 27
I-6-2-4- Qualité technologique 27
I-7- Facteurs de variation des composantes de la qualité de la viande 28
I-7-1- Qualité sanitaire 28
I-7- 2- Qualité nutritionnelle ou diététique 28
I-7-2-1- Paramètres génétiques.. 28
I-7-2-1-1- Sexe.. 28
I-7-2-1-2- Race ou lignée 29
I-7-2-2- Paramètres environnementaux 29
I-7-2-2-1- Alimentation... 29
I-7-2-2-2- Etat d'engraissement des animaux 30
I-7-2-2-3- Température 31
I-7- 3- Qualités sensorielles ou organoleptiques 32
I-7- 4- Qualité technologique 32

Sommaire

Chapitre II : Lipides et acides gras polyinsaturés
II-1- Généralités... 35
II-2- Rôles des lipides 36
II-3- Classification des lipides.. 38
II-3-1- Triglycérides 38
II-3-2- Phospholipides 39
II-3-3- Acides gras 39
II-4- Caractères essentiel et indispensable des AGPI n-6 et n-3 43
II-5- Importance des AGPI dans l'organisme... 44
II-5-1- Structure des membranes cellulaires 44
II-5-2- Précurseurs des médiateurs lipidiques oxygénés....................................... 45
II-5-3- Effets sur les maladies cardiovasculaires 46
II-5-3-1- Effets sur l'agrégation plaquettaire et la coagulation 47
II-5-3-2- Effets sur l'arythmie... 47
II-5-3-3- Effets sur la tension artérielle 48
II-5-3-4- Prévention de l'athérosclérose et de la thrombose 48
II-5-4- Effets sur le système immunitaire.. 48
II-5-5- Effets sur le développement de certains cancers 49
II-5-6- Effets sur la fonction neuro-sensorielle.. 49
II-5-7- Effets sur le stress mental 51
II-6- Importance du ratio $\omega 6/\omega 3$.. 51
II-7- Besoins et recommandations en AGPI 52
II-8- Sources alimentaires des AGPI 53
II-9- Modalités d'enrichissement de l'alimentation en AGPI n-3 54
II-10- Peroxydation des AGPI 56

Chapitre III : Construction de la qualité nutritionnelle de la viande
III-1- Introduction.. 58
III-2- Définition du tissu adipeux.. 58
III-3- Mise en place du tissu adipeux 59
III-3-1- Chez le lapin 6
III-3-2- Chez le poulet de chair 61
III-4- Mécanismes biochimiques intervenant dans la composition en lipides
et en acides gras des tissus.. 62
III-4-1- Définition de la lipogenèse.. 62
III-4-2- Enzymes de la lipogenèse 64
III-4-2-1- Enzymes élongases 66
III-4-2-2- Enzymes désaturases 66
III-4-2-2-1- Delta-9 désaturase 67

III-4-2-2-2- Delta-5 et delta-6 désaturases 69
III-4-3- Régulation de la lipogenèse 71
III-4-3-1- Nature des acides gras 71
III-4-3-2- Cholestérol 72
III-4-3-3- Insuline 72
III-4-3-4- Température 72

Matériel et méthodes
I- Objectifs du travail 74
II- Analyses chimiques des aliments et de viande des animaux 76
II-1- Détermination de l'énergie brute 76
II-2- Dosage des protéines totales 76
a- Principe 76
b- Mode opératoire 76
b1- Combustion 76
b2- Analyse 77
II-3- Extraction des lipides totaux 77
a- Principe 77
b- Mode opératoire 77
II-4- Dosage des lipides neutres et polaires 78
II-5- Détermination du profil en acides gras 78
II-5-1- Préparation des esters méthyliques (Morisson et Smith, 1964) **78**
II-5-2- Analyse chromatographique 79
II-6- Peroxydation des lipides (Modification de Kornbrust et Mavis, 1980) 79
II-6-1- Principe 79
IV-6-2- Mode opératoire 80
II-7- Etude enzymatique 81
II-7-1- Mesures des enzymes de la lipogenèse 81
II-7-1-1- Préparation des surnageants 81
II-7-1-2- Mesure de l'activité de l'enzyme malique (EM) et de la glucose-6-phosphate déshydrogénase (G6PDH) 81
a- Principe 81
b- Solutions et réactifs 81
c- Dosage 82
d- Calculs 82
II-7-1-3- Mesure de l'activité de la fatty acid synthase (FAS) 83
a- Principe 83
b- Solutions et réactifs 83
c- Mode opératoire 83

d- Calculs et expressions 83
II-7-1-4- Mesure de delta-9 désaturase (SCD) 84
II-7-2- Mesure de l'activité de la β-hydroxyacyl-Coenzyme A déshydrogénase (HAD) **84**
a- Principe 85
b- Préparation et broyage des échantillons de muscles 85
c- Solutions et réactifs 86
d- Mode opératoire 86
e- Calculs et expressions **88**
II-8- Dosage du cholestérol 88
II-8-1- Principe 88
II-8-2- Mode opératoire 88
a- Préparation de la gamme étalon 88
b- Préparation des échantillons 89
c- Calculs 89

Résultats et discussion
1ère partie : Le lapin
Etude I : Effets d'un régime à base de graines de lin extrudées sur la composition en acides gras des muscles, du gras périrénal et des viandes crue et cuite du lapin et sur la peroxydation des lipides
I- Introduction 92
II- Matériel et méthodes 94
II-1- Régimes alimentaires 94
II-2- Animaux **96**
II-3- Abattage et découpe des carcasses 96
II-4- Echantillonnage 97
II-5- Analyses chimiques des échantillons 97
II-6- Analyse statistique 97
III- Résultats 98
III-1- Composition chimique des aliments 98
III-2- Performances zootechniques des lapins 98
III-3- Composition chimique des muscles 99
III-4- Composition chimique du gras périrénal 103
III-5- Composition chimique des viandes crue et cuite des lapins ... 106
III-6- Peroxydation du *Longissimus dorsi* *108*
IV- Conclusion 109

Sommaire

Etude II : **Effets d'un régime à base de graines de lin extrudées sur la lipogenèse, la composition en acides gras des tissus et l'activité de la stéaroyl-CoA-désaturase chez le lapin**
I- Introduction 111
II- Matériel et méthodes 113
II-1- Animaux et régimes alimentaires 113
II-2- Prélèvement des tissus 113
II-3- Analyses chimiques des échantillons 113
II-3-1- Dosage des lipides et des acides gras 114
II-3-2- Détermination des activités enzymatiques 114
II-3-3- Dosage du cholestérol 114
II-3-4- Mesures de la qualité du muscle *Longissimus dorsi* du lapin 114
II-4- Analyse statistique 116
III- Résultats 116
III-1- Composition chimique des aliments 116
III-2- Performances zootechniques des animaux 118
III-3- Effets du régime sur la teneur en lipides des différents tissus 119
III-4- Activité des enzymes 120
III-4-1- Enzymes de la lipogenèse 120
III-4-2- Activité de la stéaroyl-CoA-désaturase 122
III-4-3- Activité de la β-hydroxyacyl-Coenzyme A déshydrogénase (HAD) 123
III-5- Effet du régime sur la composition en acides gras des différents tissus 123
III-5-1- Composition en AG du *Longissimus dorsi*, du foie, de l'épaule et de la cuisse 123
III-5-2- Composition en AG des gras interscapulaire et périrénal 128
III-5-3- Composition en AG polaires et non polaires du *Longissimus dorsi* *130*
III-6- Effet du régime sur la peroxydation des tissus analysés 131
III-7- Effet du régime sur la teneur en cholestérol des muscles 133
III-8- Conclusion 135

Etude III : **Effet de l'apport de différentes doses de l'acide α-linolénique sur les principaux acides gras déposés dans la carcasse du lapin et les pièces de découpe**
I- Introduction 137
II- Matériel et méthodes 139
II- Résultats et discussion 139
III-1- Performances de croissance des animaux 140
III-2- Teneur en lipides totaux 141

III-3- Influence du régime enrichi en ALA sur le dépôt des lipides et des AGPI-LC 141
IV- Conclusion 150

2ère partie : Le poulet de chair

Etude IV : Effet des régimes carencés en oméga 3 (régime tournesol) sur les performances de croissance du poulet de chair
I- Introduction 152
II- Matériel et méthodes 153
II-1- Bâtiment et conditions d'élevage 153
II-2- Animaux 154
II-3- Conduite d'élevage 154
II-3-1- Alimentation 154
II-3-2- Prophylaxie 155
II-3-2-1- Prophylaxie sanitaire 155
II-3-2-2- Prophylaxie médicale 156
II-4- Paramètres étudiés 156
II-4-1- Taux de mortalité 156
II-4-2- Consommation d'aliment 157
II-4-3- Indice de consommation (IC) 157
II-4-4- Gain moyen quotidien : GMQ (g/j) 157
II-5- Différents rendements à l'abattage 157
II-5-1- Poids vif à l'abattage 158
II-5-2- Poids plein 158
II-5-3- Poids éviscéré 158
II-5-4- Poids du foie 158
II-6- Analyses chimiques des aliments et de la viande 158
II-7- Analyse statistique 158
III- Résultats et discussion 158
III-1- Composition chimique des aliments distribués 158
III-2- Mortalité 159
III-3- Poids vif à l'abattage 160
III-4- Gain moyen quotidien : GMQ (g/j) 161
III-5- Consommation d'aliment et indice de consommation 162
III-6- Rendement à l'abattage 164
IV- Conclusion et perspectives 165

Etude V : Effet de la teneur en acides gras n-3 du régime sur la composition en acides gras de la viande de poulet

I- Introduction 168
II- Matériel et méthodes 169
II-1- Animaux et régimes alimentaires 169
II-2- Abattage et découpe des animaux 169
II-3- Analyses chimiques 170
II-4- Analyse statistique 170
III- Résultats et discussion 170
III-1- Composition chimique des régimes **170**
III-2- Composition en acides gras des tissus 171
III-2-1- Carcasse 171
III-2-2- Cuisse 173
III-2-3- Filet avec la peau 174
III-2-4- Ailes 176
III-3- Bilan comparatif **177**
III-3-1- Teneur en lipides **177**
III-3-2- Teneur en ALA 178
III-4- Analyse des TBARS sur viande de poulet 179
III-5- Conclusion et perspectives 182
Discussion générale **184**
Conclusion et perspectives **202**
Références bibliographiques **208**
Annexes

INTRODUCTION GENERALE

Introduction générale

Considérée comme statut-symbole du privilège social dans les sociétés en voie de développement, la viande revêt un caractère symbolique très important et fait l'objet de revendications très vives dans de nombreuses sociétés (Fischler, 1991). D'un point de vue nutritionnel, les représentations de la viande oscillent entre mise en avant de ses intérêts nutritionnels et mise en garde contre des consommations excessives.

Les crises sanitaires ont, de façon conjoncturelle, elles aussi, impacté l'image et la consommation de la viande. Ainsi, la médiatisation des différentes crises alimentaires depuis 1996 a profondément bouleversé le rapport des consommateurs à leur alimentation. Ces derniers sont passés d'une insouciance relative pour les questions de sécurité alimentaire à un état d'inquiétude et de méfiance.

Outre leurs aspects nutritionnels de couverture des besoins, les aliments pour l'Homme ont acquis depuis une autre valeur : au-delà de la quantité des aliments composant son assiette, le consommateur moderne est de plus en plus soucieux de leur valeur « santé ». De plus, le consommateur intègre également la notion de compétitivité entre la production de viande et la consommation des céréales par les animaux au détriment de l'homme, ce qui influence également la consommation de ce produit.

En Algérie, selon la FAO (2004), la disponibilité en viande (toutes catégories de viande confondues) était en 2002 de 18,3 kg/habitant/an. C'est un chiffre est plus faible par rapport aux pays voisins (Tunisie : 25,5 kg) et européens (France : 101,1 kg et 87,4 kg en 2010, source CIV). Vu, cependant, la cherté des viandes rouges, l'Algérien en consomme de moins en moins au profit des viandes blanches à l'image du poulet, qui contribue significativement à réduire le déséquilibre nutritionnel de sa ration alimentaire moyenne.

Cependant, la disponibilité en viandes blanches (environ 8 kg/hab/an) reste inférieure à la moyenne observée dans la région du Maghreb – Moyen-Orient (12,1 kg/hab/an) (Chehat et Bir, 2008). Le secteur cunicole, quant à lui, ne contribue que faiblement à la production nationale totale, avec une production de 7 000 tonnes, soit une consommation annuelle par habitant de seulement 0,27kg (FAO, 2004).

Introduction

Face à cette situation d'apports insuffisants en différentes viandes dans la ration alimentaire moyenne de la population algérienne, il est nécessaire que la qualité nutritionnelle de cette denrée « noble » réponde aux attentes du consommateur, préoccupé de plus en plus par son capital « santé ».

En termes de qualité nutritionnelle de la viande, les lipides alimentaires peuvent jouer un rôle majeur dans certaines maladies chez l'Homme. En effet, les déséquilibres alimentaires constatés dans le monde, principalement en Europe et en Amérique du Nord, en particulier la consommation excessive de graisses saturées (viandes rouges, produits laitiers, entre autres) et un ratio en AGPI $\omega 6/\omega 3$ trop élevé sont fortement corrélés à de sérieux problèmes de santé et de nombreuses pathologies telles que les maladies cardiovasculaires, les cancers (du sein, de la prostate, et du colon...), le diabète, l'obésité au sein de ces populations.

Un excès calorique dans certaines populations, un manque d'activité physique, le stress et d'autres facteurs encore comme la pollution ont aussi leur part de responsabilité dans l'apparition et le développement de ces maladies. Actuellement, plusieurs démarches sont mises en place afin d'améliorer la qualité nutritionnelle des produits animaux à travers des techniques d'élevage plus appropriées. C'est ainsi que la diminution de la quantité des lipides mais surtout l'amélioration du profil en acides gras des aliments est devenue l'objectif principal des différents acteurs de la filière viande.

La question est de savoir dans quelle mesure la nourriture reçue par les animaux peut-elle améliorer la valeur nutritionnelle des produits qui en sont issus pour l'alimentation de l'Homme ? Si la modification des teneurs en certains constituants des aliments destinés au bétail tels que les minéraux, les vitamines et même les protéines ne se répercute que modérément sur la qualité nutritionnelle des produits qui en découlent, il n'en est pas de même pour la fraction lipidique.

Plusieurs travaux rapportent, en effet, que la quantité et la qualité des lipides déposés dans la carcasse des animaux, particulièrement monogastriques, sont largement influencées par la nature des lipides alimentaires (Mourot et Hermier, 2001). C'est ainsi que la composition en acides gras des tissus adipeux et musculaires du poulet est largement modifiée par la nature des lipides ingérés : les graisses animales

Introduction

augmentent la part des AGS (C16 : 0 et C18 : 0), alors que les huiles végétales celle des acides gras polyinsaturés. L'importance surtout des deux AGPI : l'acide linoléique (LA) et l'acide α-linolénique (ALA) réside dans la relation étroite et directe entre eux et le fonctionnement physiologique et biochimique de différents organes.

Vu leur caractère « essentiel », les recommandations (ANC, 2001) tendent vers un apport quotidien en ALA de 2 g et un rapport entre C18:2 n-6/C18:3 n-3 proche de 5, alors que la valeur actuelle varie de 15 à 30. Un rééquilibrage de ces apports peut être assuré par des produits naturellement riches en ces acides gras polyinsaturés (le cas de certaines huiles et poissons) ou par des produits enrichis en ces composants comme les viandes, particulièrement celles du poulet et du lapin, qui présentent l'avantage d'être pauvres en lipides et bien pourvues en ces AGPI favorables à notre santé.

Ainsi, l'enrichissement de la viande de ces deux espèces d'animaux en ces acides gras essentiels à travers leur régime alimentaire serait très intéressant et apprécié du consommateur dont le souci et le désir de se prémunir des maladies cardiovasculaires est grandissant. Dans ce contexte, l'addition à l'aliment d'un certain taux d'huiles (colza, lin, ...) ou de graines de lin permet d'atteindre cet objectif de manière tout à fait naturelle.

Notre présente étude s'inscrit dans ce cadre-là. Après une partie bibliographique consacrée à l'étude de la qualité nutritionnelle de la viande, à la présentation des différentes classes des lipides, particulièrement l'action et l'importance des acides gras essentiels, la partie pratique du travail abordera des études menées chez les deux espèces étudiées, à savoir le lapin et le poulet de chair. La dernière partie du mémoire sera consacrée à la discussion des différents résultats obtenus et certaines recommandations et perspectives.

SYNTHESE BIBLIOGRAPHIQUE

CHAPITRE I

La viande : définitions et caractéristiques nutritionnelles

I-1- Introduction

De par leurs intérêts nutritionnels, les produits carnés ont été de tout temps consommés. La viande, en effet, constitue l'un des aliments les plus universellement recherchés et valorisés par l'Homme. Elle a toujours représenté un aliment particulier : valorisée ou rejetée, elle n'est pas un aliment qui laisse indifférent. Elle a toujours été un aliment porteur de symboles.

Traditionnellement consommée avec des légumes et /ou des produits céréaliers, la viande contribue au maintien de repas structurés et nutritionnellement équilibrés, de par sa richesse en nutriments précieux. Elle apporte des acides aminés essentiels, des lipides, source d'énergie mais aussi des acides gras essentiels, des minéraux, comme le fer assimilable, et des vitamines, en particulier la vitamine B12 (Combes et Dalle Zotte, 2005).

I-2- Définitions

A nos jours, la viande n'a pas encore de définition qui fasse consensus des producteurs, industriels, consommateurs et même des chercheurs. Le mot « viande » est donc encore une appellation générique recouvrant une grande variété de « viandes ». Plusieurs définitions lui ont été attribuées. Pour Fraysse et Darre (1990), « la viande est constituée par l'ensemble de la chair des mammifères et des oiseaux que l'homme utilise pour se nourrir ; c'est un produit hétérogène résultant de l'évolution post-mortem des muscles, liés aux os (muscles squelettiques) essentiellement et à la graisse de la carcasse des animaux ».

Et d'après le *Codex alimentarius* (2003), « c'est la partie comestible de tout mammifère ». En 2005, le même *Codex alimentarius* en donne une autre définition : « la viande est toutes les parties d'un animal qui sont destinées à la consommation humaine ou ont été jugées saines et propres à cette fin ».

Le Dictionnaire encyclopédique de la langue française (1995), quant à lui, la définit comme : « chair des mammifères et des oiseaux en tant qu'aliment. Il distingue trois types de viande : la viande rouge (le bœuf, le mouton, le cheval), la viande blanche (le veau, le porc, la volaille, le lapin) et la viande noire (le gibier) ». Selon donc les sources utilisées, le terme

« viande » peut aussi bien désigner les muscles de la carcasse que les produits tripiers. Ceci démontre la grande variété de viandes regroupées sous le même terme générique.

I-3- Composition et valeur nutritionnelle

La viande est la source d'un nombre important de nutriments que l'on ne trouve pas toujours de manière équivalente dans d'autres aliments. Essentielles à la construction et au maintien musculaire, les protéines présentes dans cette denrée ont une haute valeur biologique, car elles contiennent, en proportion équilibrée, l'ensemble des acides aminés indispensables que le corps ne peut synthétiser.

De même qu'avec une teneur moyenne de 2 à 4 mg pour 100 g, la viande est l'une des premières sources de fer bien assimilée de l'alimentation. Elle est aussi une source essentielle de vitamines du groupe B (PP, B6) et plus particulièrement de vitamine B12 et de minéraux tels que le zinc, minéral au cœur des processus de défense, et le sélénium, antioxydant.

A la différence de nombreux autres produits alimentaires, les viandes ne sont pas des produits dont la composition est standardisée et, par conséquent, la viande proposée aux consommateurs est hétérogène et de composition variable. En effet, la composition biochimique des carcasses et des viandes est notablement affectée par des facteurs tels que l'alimentation, l'âge et le poids à l'abattage, le sexe, la race, le mode et les paramètres d'élevage qui modifient la composition corporelle de l'animal (Lebret et Mourot, 1998 ; Mourot et al., 1999).

Les caractères les plus variables sont probablement les lipides, le fer héminique et le collagène (Denoyelle, 2008). Il convient donc d'être prudent dès lors que la valeur nutritionnelle de la viande est abordée. Le tableau 1 résume la composition chimique moyenne des différentes viandes consommées.

Tableau 1 : **Principales caractéristiques nutritionnelles des différentes viandes consommées dans le monde**

Composition chimique	Bœuf *	Agneau*	Lapin*	Poulet*	Poisson**
Eau en %	47-72	60	70	67	70-80
Protéines %	15-22	17	21	20	15-20
Lipides %	6-37	26	6	12	1-20
Valeur calorique (kj/100g)	700	1300	630	830	/

* : Fraysse et Darre (1990).
**: Apfelbaum et al., (1995).

I-4- Production et consommation de la viande dans le monde et en Algérie

I-4-1- Dans le monde

De tout temps, parmi les aliments les plus consommés, la viande occupe une place importante et symbolique sans équivalent dans presque toutes les sociétés du monde. Cependant, il existe des différences très marquées dans la distribution de la consommation de produits carnés en fonction de la répartition géographique vu les inégalités sociales, comme le résume le tableau 2.

Selon Raude (2008), des enquêtes alimentaires menées en France entre 1999 et 2003, révèlent que la consommation de la viande est également fonction d'autres paramètres à l'image de l'âge, le sexe, l'éducation, l'environnement, etc.

Tableau 2 : Aperçu général des marchés de viandes dans le monde (FAO, 2009)

	2008	2009 (estimations)	2010 (prévisions)	Variations 2010 par rapport à 2009
	Millions de tonnes			%
Production	280,1	281,6	286,1	1,6
Viande bovine	65,1	64,3	64,0	-0,5
Viande porcine	104,6	106,5	108,7	2,1
Volaille	91,8	91,9	94,2	2,5
Viande ovine	13,6	13,4	13,6	1,7
Commerce	24,5	23,1	23,7	2,5
Viande bovine	7,0	6,7	6,8	2,0
Viande porcine	6,1	5,5	5,7	4,2
Volaille	10,2	9,8	10,0	1,8
Viande ovine	0,9	0,9	0,9	1,8
Consommation par habitant (kg/an)				
Monde	42,0	41,7	41,9	0,4
Pays développés	83,1	81,8	82,2	0,4
Pays en développement	30,9	31,0	31,3	0,8

I-4-2- En Algérie

La production de viandes rouges est assurée par l'abattage d'animaux d'espèces différentes : ovine, bovine, caprine, cameline et même chevaline. Toutefois, les deux premières fournissent l'essentiel

(85%) de la production avec une prédominance des viandes ovines (58% du total) (Chehat et Bir, 2008). Le régime alimentaire des Algériens a de tout temps accusé un déficit en protéines animales, du fait du prix exorbitant des produits carnés. Cependant, l'amélioration du revenu des citoyens et les changements opérés dans leurs habitudes alimentaires plaident pour une augmentation de la demande de ces produits.

Mais vu le prix trop élevé des viandes rouges, le consommateur algérien se rabat sur les viandes blanches, plus accessibles, particulièrement le poulet de chair. Les disponibilités en protéines animales, issues de la seule production nationale, sont estimées à 28,4 g/hab/jour et couvrent ainsi 86% des recommandations, qui sont de l'ordre de 33 g/hab/jour (Chehat et Bir, 2008).

I-4-2-1- Viande de lapin

Si le poulet participe grandement à pallier au déficit des protéines animales provenant des viandes rouges, il n'en est pas de même de l'élevage cunicole qui reste marginal, et ce, malgré les programmes entrepris pour développer et diversifier les productions animales pour faire face à la demande et aux besoins de la population.

Bien que la FAO (2004) ait estimé à 7 000 tonnes cette production, soit une consommation par habitant et par an de seulement de 0,27 Kg, il n'en demeure pas moins qu'il est très difficile d'avoir des données statistiques fiables sur la production et la consommation de cette viande, vu que la majorité des élevages existants sont petits et à vocation vivrière.

La production de viande de lapin provient essentiellement des élevages traditionnels composés de lapins de population locale, mais aussi dans une faible proportion des élevages dits « modernes » composés de souches sélectionnées (Ziki et al., 2008). Au niveau de la wilaya de Tizi-Ouzou, la production de la viande de lapin a été estimée à 1 625 quintaux en 2006 (DSA TO, 2007).

I-4-2-2- Viande de poulet

En 2000, l'Algérie a réalisé une production de 169 182 tonnes de viande blanche provenant essentiellement du poulet de chair. Mais en 2004, et comme le montre le tableau 3, cette production chute à 163 625 tonnes.

Tableau 3 : **Evolution de la production de la viande blanche en Algérie (1980-2004)**

(Kaci, 2007).

Année	Quantité de viande blanche (tonnes)
1980	95 000
1989	157 000
2000	169 182
2003	152 473
2004	163 625
Croissance (80-89)	+171 %
Croissance (98-00)	+ 34 %
Croissance (03-04)	+ 7 %

Cette diminution pourrait s'expliquer par les nombreuses contraintes auxquelles est confrontée l'aviculture en Algérie, entre autres, la quasi-dépendance du marché extérieur concernant l'approvisionnement en matières premières alimentaires, certains intrants biologiques et technologiques avicoles et les faibles performances zootechniques, conséquences de l'incohérence de la conduite des élevages, la non maîtrise des paramètres d'ambiance et le non-respect des programmes de prophylaxie (Bouyahiaoui, 2003).

Au niveau de la wilaya de Tizi-Ouzou, la production des viandes blanches est passée de 67 400 quintaux dont 65 776 quintaux pour le poulet de chair en 2007 à 131 573 quintaux dont 128 150 quintaux pour le poulet en 2009 (DSA TO, 2007 et 2010). Le tableau 4 résume l'évolution de cette production entre 2008 et 2009.

Tableau 4 : **Evolution de la production des viandes blanches dans la wilaya de Tizi-Ouzou (en quintaux)**

Produits	Production 2008	Production 2009	Ecart 09-08
Viandes blanches	80 548	131 573	51 025
Dont poulet de chair	79 950	128 150	48 200

Source : DSA TO, 2010.

I-5- Apports nutritionnels de la viande de poulet et de lapin

I-5-1- Viande de poulet

Les viandes de volailles sont importantes en alimentation humaine puisqu'elles permettent un apport protéique intéressant pour une teneur faible en matières grasses (Brunel et al., 2010). En effet, débarrassée de sa peau, la viande de poulet, pauvre en lipides et naturellement riche en vitamines et minéraux, est l'une des viandes les plus équilibrées sur le plan nutritionnel. Elle est considérée comme véritablement diététique.

En effet, elle se caractérise par un apport énergétique très modéré et apporte peu de lipides (ils sont surtout concentrés sous la peau) et de cholestérol. De plus, les lipides de la volaille sont pauvres en acides gras saturés. D'ailleurs, les nutritionnistes s'accordent pour dire que l'équilibre des différents acides gras présents dans la volaille serait proche de l'équilibre parfait : 25 % d'AGS, 55 % d'AGMI (qui font baisser le taux du mauvais cholestérol LDL) et 20 % d'AGPI (Roger, 2011).

En revanche, elle apporte des quantités appréciables d'AGPI, de vitamines (B3, B5, B6, B12...), de minéraux (fer, magnésium, sélénium, phosphore) et de protéines de bonne qualité bien pourvues en acides aminés essentiels, nécessaires à la croissance des muscles notamment chez les enfants et les adolescents, mais également indispensables au maintien de la masse musculaire chez les personnes âgées (Roger, 2011). Comme toutes les viandes, elle ne contient pas de glucides.

I-5-2- Viande de lapin

Avec moins de 10 % de matières grasses, le lapin est une viande maigre. Adrian et al. (1981) rapporte une teneur de 8 % de lipides pour 12 % pour le poulet. En effet, la viande de lapin est caractérisée par un faible apport énergétique (environ 120 à 200 kcal/100 g). La teneur lipidique moyenne de la viande de lapin est environ de 12 g / 100 g de viande, elle peut être abaissée à environ 10 g/100 g si les dépôts lipidiques dissécables sont enlevés. D'un morceau à l'autre, la teneur en lipides peut être extrêmement variable (tableau 5).

Tableau 5 : **Teneur lipidique de différents morceaux de la viande de lapin (g/100 g) (Lecerf, 2009).**

Source	Muscle LL*	Cuisse	Foie	Arrière	Côtes	Avant	Râble
Combes (2004)	1,4	3,7	4,2	4,2	9,3	11,4	11,4
Ouhayoun et Dalmas (1989)				4,9	9,7	12,3	12,3

* : *Longissimus lumborum.*

L'apport protéique d'une portion de 100 g de viande de lapin est très intéressant : 25 à 35 % de l'apport conseillé pour la journée, ces protéines sont de bonne qualité nutritionnelle, puisque leur teneur en acides aminés indispensables est bien équilibrée.

D'autre part, elle apporte des quantités très appréciables de vitamines du groupe B (B6, B12 et PP surtout) et est bien pourvue en de nombreux minéraux et oligoéléments (magnésium, potassium, zinc, etc.). En revanche, comparé aux autres viandes, le lapin est relativement pauvre en fer (hormis son foie) (IFN, 2011). De même sa viande est naturellement pauvre en cholestérol. Son taux est, en effet, inférieur à celui de toutes les autres viandes.

Concernant le profil en acides gras, la chair du lapin présente un bon équilibre entre les trois catégories de ces acides gras : saturés, monoinsaturés et polyinsaturés. Environ 40% des acides gras présents dans la viande de lapin sont saturés, ce qui est supérieur à la quantité retrouvée chez le poulet, mais inférieur à la quantité présente dans les viandes rouges (bovins par exemple).

En moyenne, 31 % des acides gras présents sont monoinsaturés, reconnus pour abaisser le taux de cholestérol total, sans modifier la concentration en cholestérol HDL (« bon » cholestérol).

En plus, ces acides gras, et plus particulièrement l'acide oléique, réduiraient les risques des maladies cardiovasculaires et de cancer du côlon. Le reste est constitué des acides gras polyinsaturés, environ 30 % des acides totaux (Mourot, 2010a). Le tableau 6 donne la répartition des différentes classes d'acides gras dans la viande de quelques espèces dont le poulet et le lapin.

Tableau 6 : Profil en acides gras des produits carnés (CIQUAL, 2007)

	Pour 100 g de viande	AGS (g)	AGMI (g)	AGPI (g)	Ratio oméga 6/3
Bœuf	Faux-filet cru	7,09	4,88	1,14	11,4*
	Faux-filet grillé	2,26	2,41	0,335	3,7*
	Plat de côtes cru	10,10	7,14	1,38	NR
	Plat de côtes cuit	9,01	6,46	1,05	NR
Poulet	Cuisse, viande et peau, crues	4,24	6,17	3,2	NR
	Cuisse, viande et peau, rôties	4,20	6,38	2,93	6,2***
	Viande et peau, crues	3,32	4,81	2,49	NR
	Viande et peau, rôties	1,84	2,87	1,15	NR
	Blanc cru	0,79	1,07	0,63	NR
	Blanc cuit	1,01	1,34	0,85	NR
Lapin	Entier cru non dégraissé	5,13	4,19	2,98	7,81
	Entier cuit non dégraissé	3,42	2,64	2,06	8,14
NR : Non renseigné ; * Normand et al., 2005 ; ** Vautier, 2006 ; *** Barroeta, 2007.					

Source : Gigaud et Combes, 2007.

On remarque ainsi qu'effectivement, les viandes de poulet et de lapin sont de bonnes sources d'acides gras polyinsaturés, de plus en plus recherchés pour leurs nombreux effets bénéfiques sur la santé humaine. Concernant la viande de lapin, elle assure un apport en AGPI de plus de 15 % des ANC (Gigaud et Le Cren, 2006).

Selon Martin (ANC, 2001), 100 g de viande de lapin consommée permet de couvrir plus de 20 % des besoins en AGPI (homme : 23 % ; femme : 29 %). Et pour Lebas (2007), la consommation de 100 g de viande de lapin standard assure un apport de 14 % des ANC concernant l'acide alpha-linolénique et 93 % des ANC pour les acides gras polyinsaturés à longue chaîne.

Plusieurs paramètres peuvent, cependant, influencer la nature et la composition en acides gras des produits obtenus, entre autres, la génétique, l'âge à l'abattage, le mode d'élevage, la race, etc. (Lebret et Mourot, 1998 ; Dalle Zotte, 2002).

Les protéines des viandes, quant à elles, sont de bonne qualité particulièrement riches et équilibrées en acides aminés indispensables tels que la lysine et l'histidine (Paturaud-Mirand et Remond, 2001) ; cet équilibre est proche des besoins de l'homme (Bax et al., 2010). La figure 1 exprime la biodisponibilité de ces acides aminés essentiels par rapport aux besoins de l'homme.

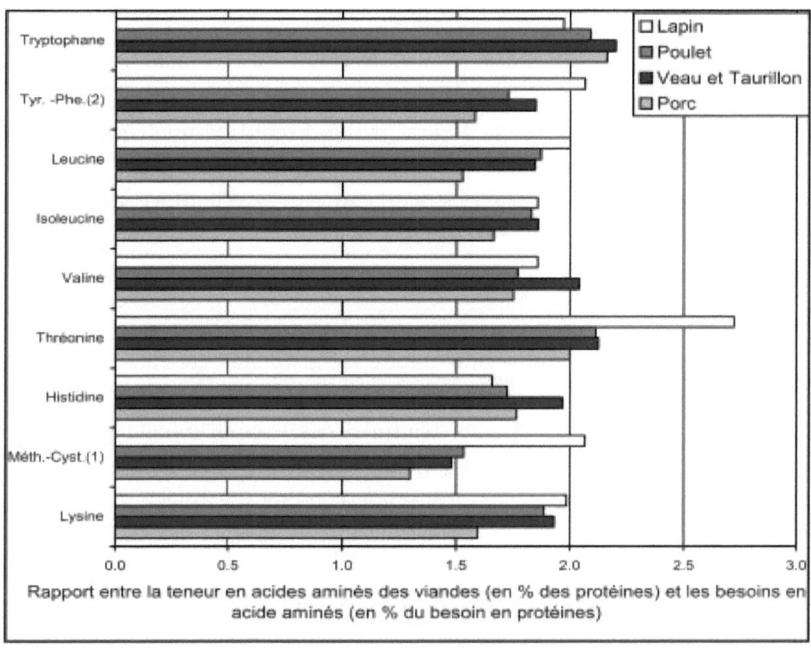

(1) Methionine + Cystéine   (2) Tyrosine + Phenyl alanine

Figure 1 : **Equilibre des acides aminés indispensables des viandes rapporté aux besoins de l'homme (Combes et Dalle Zotte, 2005).**

• L'équilibre en acides aminés des viandes est calculé à partir de Dalle Zotte (2004). Celui des besoins de l'homme est issu des ANC (2001).

I-6- Qualités nutritionnelles de la carcasse et de la viande des animaux

I-6-1- De la carcasse

La définition de la carcasse selon le Larousse Agricole (2002), est l'ensemble obtenu après abattage d'un animal vivant et après retrait des issues et du 5ème quartier, et comprenant le squelette sur lequel restent fixés les muscles, les tendons et les aponévroses, les graisses, les artères et les veines, les nerfs et les ganglions lymphatiques.

La qualité de la carcasse recouvre les aspects sanitaires et de composition en ses différents tissus (maigre, gras, os).

La qualité sanitaire correspond essentiellement à la qualité microbiologique, c'est-à-dire le niveau de contamination en microorganismes et notamment l'absence de bactéries pathogènes pour l'homme, parfois présentes dès l'élevage. La proportion relative des tissus maigres et gras constitue la principale composante de la qualité des carcasses avec le poids, le rendement en carcasse et la conformation (poids relatifs des pièces de découpe) (Lebret, 2004).

I-6-2- De la viande

La qualité d'un produit alimentaire est généralement caractérisée par quatre composantes, souvent appelées « 4 S » : Sécurité (sécurité alimentaire, exigence minimale légitime des consommateurs), Santé (qualité nutritionnelle ou diététique des produits), Satisfaction (qualité organoleptique ou sensorielle), Service (facilité d'utilisation) (Lebret, 2004).

Les qualités des viandes dépendent des caractéristiques physico-chimiques de celles-ci, caractéristiques elles-mêmes sous l'influence de facteurs génétiques (Renand et al., 2003) et environnementaux (Monin, 2003). La qualité des carcasses et des viandes des animaux peut être améliorée par une meilleure maîtrise des conditions de leur transport et de leur d'abattage. En effet, les stress de toutes natures qui surviennent au cours de ces opérations peuvent modifier le métabolisme musculaire avec des conséquences sur de nombreux critères de qualité (Monin, 2003).

La qualité de la viande fait référence à plusieurs attentes du consommateur et également des producteurs. On parle alors souvent non pas de la qualité mais des qualités (au pluriel) de la viande. Celles-ci sont :

I-6-2-1- Qualité nutritionnelle ou diététique

La qualité nutritionnelle correspond à son aptitude à apporter au consommateur certains nutriments dont il a besoin : protéines (acides aminés), lipides (dont les acides gras essentiels notamment les oméga 3), vitamines et minéraux tout en préservant, voire en améliorant sa santé (Lebret et Mourot, 1998).

Les viandes de lapin et de poulet sont considérées comme viandes maigres et diététiques en raison de leur richesse en protéines de bonne qualité et leur pauvreté en lipides et en cholestérol, mais bien pourvues en AGPI notamment les AG n-3 (Gondret et Bonneau, 1998 ; Combes, 2004 ; Hernández, 2008)). Les facteurs d'élevage influent largement sur la qualité de la viande, notamment nutritionnelle (Mourot, 2010a).

I-6-2-2- Qualité sanitaire ou hygiénique

Cette qualité est primordiale. Elle correspond à l'absence de microorganismes pathogènes ou de toxines qu'ils peuvent produire et de résidus alimentaires ou médicamenteux dans les viandes (Fraysse et Darre, 1990 ; Lebret, 2004). La contamination microbienne des viandes résulte généralement d'une contamination à partir de la surface de la carcasse.

I-6-2-3- Qualités sensorielles ou organoleptiques

Elles regroupent trois composantes qui sont :

I-6-2-3-1- Aspect

Il comprend la couleur (intensité et homogénéité), le marbré et le persillé correspondant à l'importance et la répartition du gras inter et intramusculaire, respectivement (Lebret, 2004). Toutefois, chez le lapin et chez le poulet, ces effets marbré et persillé n'existent pas comme chez le bovin.

Le poulet présente une chair pâle et blanche en raison de l'absence de la myoglobine d'une part, et de la graisse sous-cutanée qui laisse apparaître le muscle naturellement rose. Chez le lapin, la viande est de couleur rose pâle.

D'après Santé et al. (2001), la couleur de la viande dépend de la concentration du pigment héminique ainsi que de son état physico-chimique, du pH et de la structure de la viande qui influence la réflexion de la lumière.

I-6-2-3- 2- Texture

La texture correspond à la tendreté et à la jutosité appréciées lors de la dégustation des viandes. La texture dépend du pouvoir de rétention en eau (lui-même résultant de l'évolution de la cinétique de chute du pH post-mortem), ainsi que de la teneur en lipides intramusculaires. Parmi les qualités sensorielles, la tendreté apparaît comme un critère important du point de vue des consommateurs (Maltin et al., 2003).

Elle traduit la facilité avec laquelle la viande se laisse couper ou broyer lors de la mastication. Concernant la tendreté, les viandes de lapin et de poulet présentent les valeurs les plus faibles de cisaillement aux autres viandes.

La jutosité, quant à elle, est la capacité de la viande à libérer du jus à la mastication. Elle est liée en partie à son pouvoir de rétention d'eau et à sa teneur en lipides qui stimulent la sécrétion salivaire (Girard et al., 1988 ; Fraysse et Darre, 1990).

I-6-2-3-3- Flaveur

Elle traduit le goût et l'odeur qui sont liés au taux et à la nature des lipides présents (Lebret, 2004). Les acides gras libérés par l'hydrolyse des triglycérides et des phospholipides qui subissent une auto-oxydation conduisent à des aldéhydes et des cétones qui sont les composantes de la saveur. Les matières grasses ajoutées à l'aliment peuvent également modifier l'aspect de la carcasse et altérer la saveur de la viande (Lessire, 1995).

I-6-2-4- Qualité technologique

C'est l'aptitude de la viande à subir une transformation pour la fabrication d'un produit carné élaboré. Pour la fraction maigre, cette qualité est liée au pouvoir de rétention en eau. Pour les tissus gras, très utilisés en fabrication de produits secs, l'aptitude à la transformation dépend de leur fermeté (qui résulte de la teneur en lipides et de leur composition en AG) et de la limitation de l'oxydation de ces AG pendant la conservation (Lebret, 2004).

I-7- Facteurs de variation des composantes de la qualité de la viande

La variabilité de la qualité va dépendre des caractéristiques intrinsèques à l'animal (souche, sexe, poids vif, âge, réaction vis-à-vis du stress, etc.), mais aussi des facteurs d'élevage notamment l'alimentation et des conditions d'abattage (mode de narcose, délai de découpe).

I-7-1- Qualité sanitaire

Cet aspect de la qualité est bien maîtrisé. Deux paramètres, cependant, peuvent affecter cette qualité, à savoir les conditions d'élevage et d'abattage des animaux. Généralement, il existe des réglementations qui régissent les conditions d'abattage et d'autres qui rendent obligatoires des contrôles au sein des abattoirs pour estimer la qualité microbiologique des produits d'abattage.

Les trois autres aspects de la qualité de la viande, à savoir les côtés nutritionnel, organoleptique et technologique, seront envisagés essentiellement du point de vue de la nature des lipides constitutifs.

I-7- 2- Qualité nutritionnelle ou diététique

La qualité nutritionnelle de la viande de lapin et de poulet, plus particulièrement dans sa fraction lipidique, est sous l'influence de certains paramètres aussi bien d'ordre génétique qu'environnemental dont les pratiques d'élevage et plus particulièrement l'alimentation jouent un rôle prépondérant (Fisher, 1984 ; Mourot, 2010b).

I-7-2-1- Paramètres génétiques

I-7-2-1-1- Sexe

Chez le lapin, concernant la fraction lipidique visible, les femelles présentent également des dépôts adipeux supérieurs à ceux des mâles (jusqu'à 10 %) à 14 semaines d'âge (Jehl et al., 2000). Par contre, en-deçà de 12 semaines, aucune différence entre sexe n'est observée (Cavani et al., 2000). La teneur en lipides intramusculaires est, quant à elle, faiblement ou pas influencée par le sexe de l'animal (Gondret, 1998).

Chez la volaille, comme chez les autres espèces, les femelles sont plus grasses que les mâles (Lessire, 2001 ; Shahin et Abd El Azeem, 2006). C'est ainsi que le développement du gras abdominal est plus important chez les premières que chez les derniers (Leclercq, 1989).

I-7-2-1-2- Race ou lignée

Chez les animaux monogastriques, la race influence essentiellement la teneur en lipides de la viande (Mourot, 2010b). En effet, il est admis, de façon générale, que les animaux de lignées lourdes sont plus gras que ceux issus des lignées maigres (Lebas et Combes, 2001).

Chez le poulet, les animaux à croissance rapide tendent à être plus gras. Ainsi, à poids égal, les poulets de chair tendent à être de plus en plus gras à mesure que la sélection sur la vitesse de croissance produit ses effets (Alleman et al., 1999). Ponte et al. (2008) rapportent un effet significatif sur la composition en acides gras en comparant des poulets de chair standard (Ross) à croissance rapide à des poulets fermiers à croissance lente (Lab). Chez le lapin, au poids d'abattage commercial, l'adiposité des carcasses est d'autant plus grande que les formats adultes sont faibles (Ouhayoun, 1989).

I-7-2-2- Paramètres environnementaux

I-7-2-2-1- Alimentation

Les acides gras présents chez l'animal sont la résultante d'un certain nombre de processus métaboliques (synthèse de *novo* d'acides gras, ceux provenant de l'alimentation, lipolyse, utilisation à des fins énergétiques) (Gondret, 1999 ; Corraze et al., 1999). Comme chez le reste des monogastriques, il y a une bonne corrélation entre les acides gras alimentaires et ceux déposés au niveau des différents tissus chez le lapin (Gigaud et Le Cren, 2006 ; Kouba et al., 2008) et chez le poulet (Lessire, 2001 ; Brunel et al., 2010).

Ainsi donc, cette propriété peut être exploitée pour influencer le profil en AG des tissus animaux. Cependant, il semblerait que seuls les AGPI peuvent particulièrement l'être (Mourot et al., 1992), puisque seule l'alimentation peut les fournir. Concernant les AGS et AGMI, cette corrélation semble moins évidente du fait de leur synthèse endogène (Thies et al., 1999). En effet, Guillevic et al. (2010) trouvent que la quantité des AGS et AGMI n'est pas influencée par la nature du régime, contrairement à celle des AGPI qui augmente avec leur teneur dans l'aliment consommé.

A signaler également que la relation entre les AG ingérés et ceux déposés au niveau de la carcasse diffère d'un tissu à l'autre. La corrélation est plus marquée avec le tissu adipeux que les muscles (Mourot, 2001). Ces derniers sont plus riches en phospholipides membranaires, qui incorporent de façon sélective les AG, et ce, contrairement aux tissus adipeux dont les vacuoles lipidiques sont beaucoup moins sélectives quant à cette incorporation (Hertzman et al., 1988).

I-7-2-2-2- Etat d'engraissement des animaux

Chez le lapin, le développement de l'adiposité périrénale constitue un indicateur fiable de l'adiposité des carcasses (Ouhayoun, 1989). Le rapport muscle/os du membre postérieur est également un bon indicateur de la charnure de la carcasse. D'ailleurs, la sélection sur des critères de conformation chez le lapin est possible, car l'héritabilité du rapport muscle/os de la carcasse est élevée (Rouvier, 1970).

Chez la volaille, le gras abdominal représente jusqu'à 4 % du poids vif et renferme environ 88 % de lipides chez les animaux modernes (Mourot, 2010b). Il est prédicateur de l'adiposité globale de la carcasse chez le poulet. En effet, il existe une forte corrélation entre le pourcentage de gras abdominal et la teneur en lipides totaux de la carcasse (Ricard, 1990 ; Alleman et al., 1999). Le tableau 7 résume cette relation chez certaines catégories de volailles.

Tableau 7 : **Relations entre les dépôts gras abdominaux et les lipides corporels chez les volailles (Ricard, 1990)**

Expérience	Equation de régression[1]	Corrélation
Poulets[2]		
Alimentation standard	Y = 4,9 X + 5,1	0,77
Aliment enrichi en lipides	Y = 3,2 X + 5,6	0,83
Poulettes souche ponte [3]	Y = 3,5 X + 5,6	0,84
Pintadeau[4]	Y = 4,2 X + 6,3	0,90
Canard de Barbarie[5]	Y = 4,0 X + 13,9	0,80

(1) X = Pourcentage de gras abdominal par rapport au poids vif et Y = teneur en lipides. (2) D'après Delpech et Ricard (1965). Coquelets de type label, âgés de 8 à 12 semaines, 28 sujets par type d'alimentation. (3) D'après Ricard et Delpech (non publié). Croisement de type Rhode X Wyandotte, 60 poulettes âgées de 8 à 12 semaines. (4) D'après Blum et Leclercq (1980). Mâles et femelles mélangés, 40 sujets âgés de 12 à 14 semaines. (5) D'après Leclercq (non publié). 20 canettes âgées de 10 semaines.

Ainsi, chez la volaille, la sélection contre le développement du gras abdominal s'est avérée très efficace pour diminuer la quantité des lipides dans la carcasse du poulet (Leclercq, 1989).

I-7-2-2-3- Température

La température d'élevage peut influencer le développement des tissus adipeux (Mourot, 2004). Sous un climat chaud, chez le poulet de chair, la chaleur accroît l'engraissement, particulièrement au niveau sous-cutané. La proportion d'acides gras saturés dans les tissus adipeux est alors plus élevée. Le fort engraissement au chaud ne paraît pas s'expliquer par une lipogenèse hépatique accrue. En revanche, l'utilisation des acides gras déposés serait plus faible (Tesseraud et Temim, 1999).

Pour Larbier et Leclercq (1992), la teneur en lipides de chair augmente de 1,5 g/kg par augmentation de la température d'élevage de 1°C ; ce qui se traduit par un accroissement de 0,4 g / kg de la proportion de gras abdominal dans le poids vif (Larbier et Leclercq, 1992). L'impact d'un stress thermique prolongé, de 20 à 30°C, se traduit par une flaveur très forte de la viande de filet et une diminution de pourcentage en acides gras polyinsaturées du gras abdominal. En période estivale, la tendreté des filets de poulets diminue.

Dans une ambiance à des températures comprises entre 24 et 34°C, le poids et les protéines des carcasses se trouvent réduits et la viande est déshydratée (Berri, 2003). L'adiposité périrénale des carcasses est réduite chez les lapins dont la croissance est ralentie par un faible niveau protéique dans l'aliment ou une température élevée. La réduction de l'adiposité est accompagnée d'une augmentation de la polyinsaturation des lipides corporels, attribuable à une diminution de la lipogenèse endogène (Lebas et Ouhayoun, 1987).

I-7-3- Qualités sensorielles ou organoleptiques

La teneur en lipides intramusculaires est une composante importante de la flaveur et de la jutosité, alors que la quantité et le degré de solubilité du collagène sont des composantes essentielles de la tendreté des viandes (Bonneau et al., 1996). Ainsi, chez les espèces abattues très jeunes, le faible degré de réticulation peut être à l'origine de défauts de fermeté des viandes de poulet. En effet, la réduction de l'âge à l'abattage des volailles, consécutive à la sélection sur la croissance, induit un accroissement de la tendreté et une réduction de la flaveur liés à la moindre maturité des animaux (Sauveur, 1997 ; Lessire, 2001).

Les qualités sensorielles de la viande du lapin et des volailles de chair dépendent étroitement de l'âge à l'abattage. Chez le lapin, une sélection sur la vitesse de croissance s'accompagne d'une augmentation des dépôts adipeux internes sans dégradation du rendement en carcasse et n'a pas d'impact sur les qualités sensorielles si l'âge à l'abattage n'est pas modifié (Gondret et al., 2002).

I-7- 4- Qualité technologique

Face à l'évolution des modes de consommation, la maîtrise de la qualité technologique et l'adaptation de la viande à cette évolution sont devenues des problématiques importantes pour la filière. Les critères de mesure de cette qualité de la viande sont, entre autres, le pH et la couleur (L*) (Boutten et al., 2005). Ces deux paramètres sont étroitement liés (Woelfel et al., 2002) et fortement corrélés au rendement technologique. Ce dernier dépend étroitement de la capacité de rétention en eau des protéines musculaires, que ce soit pour la viande fraîche vendue en barquette ou au moment de la cuisson du produit élaboré.

Une chute trop rapide du pH conduit à des rendements à la transformation significativement plus faibles et à des pertes d'exsudat plus élevées caractéristiques des viandes PSE (Renand et al., 2003). D'après Gigaud et Berri (2007), une étude menée par l'ITAVI en 2003 sur le poulet a montré que l'augmentation de la croissance et des rendements musculaires s'accompagnait d'une diminution du potentiel glycolytique, ce qui a pour conséquence l'augmentation du pH ultime et donc l'amélioration du pouvoir de rétention en eau de la viande, évolution favorable à la fabrication de produits transformés élaborés.

Elle a également mis en évidence un lien entre l'engraissement des carcasses et l'aptitude de la viande à la transformation. Les animaux les plus maigres présentaient des teneurs en glycogène musculaire faibles, d'où une meilleure aptitude des viandes à la transformation. À pH bas, la liaison de l'eau avec les protéines est plus faible (rapprochement du point isoélectrique, charge électrique des protéines plus faible). L'eau passe donc du compartiment intracellulaire au compartiment extracellulaire. Elle crée ainsi des surfaces plus réfléchissantes et augmente la réflexion de la lumière incidente et l'impression de pâleur. La composante L* (composante clarté allant du blanc au noir) est influencée par l'humidité de surface.

CHAPITRE II
Lipides et acides gras polyinsaturés

II-1- Généralités

Les lipides, du terme grec « lipos » signifiant « graisse », sont des composés organiques comprenant une fraction principale saponifiable (acides gras, esters, phospholipides) et une fraction mineure insaponifiable (stérols, caroténoïdes, …). Ils sont caractérisés par leur insolubilité dans l'eau et leur solubilité dans les solvants organiques tels que l'alcool, l'éther et le chloroforme (Hininger-Favier, 2011). Les acides gras sont les constituants majeurs des lipides.

Ces acides gras sont constitués d'une chaîne hydrocarbonée linéaire plus ou moins longue et dont les extrémités portent un groupement méthyle (CH_3) et un groupement carboxyle (COOH), fonction acide qui peut réagir avec l'une des fonctions alcool du glycérol pour fournir un triglycéride (Luc et al., 1991). Les triglycérides constituent la forme majeure du stockage des graisses au niveau de l'organisme, et leur hydrolyse libère des acides gras.

Les acides gras polyinsaturés sont majoritairement retrouvés au niveau des lipides polaires, tandis que les acides gras saturés (AGS) et monoinsaturés (AGMI) sont plus présents au niveau des lipides neutres (Kiessling et al., 2001). Les acides gras consommés dans les aliments sont en majorité sous forme estérifiée dans les triglycérides des huiles et des graisses alimentaires, et dans les phospholipides tissulaires d'origine animale ou végétale.

Les triglycérides qui représentent 95 à 98 % des lipides comestibles (Couet, 2005) sont absorbés au niveau du tractus gastro-intestinal après clivage par diverses lipases et phospholipases, puis circulent dans le sang sous forme d'esters associés aux lipoprotéines et sous forme non estérifiée principalement liée à l'albumine (Lagarde et al., 1989). En outre, les lipides contribuent aux qualités organoleptiques des aliments (Jeantet et al., 2006 ; Wood et al., 2008) en contribuant à la texture et à la sapidité des aliments en tant que support de goût, d'arômes ou de précurseurs de molécules aromatiques.

Malgré leur mauvaise réputation, il faut rappeler que les lipides sont nécessaires à notre équilibre alimentaire et au maintien d'une bonne santé, car ils sont indispensables au bon fonctionnement de l'organisme. Il est donc préconisé d'en consommer et de varier les types de graisses, chacune ayant une composition et une valeur nutritionnelle propre. Le besoin journalier de lipides est variable selon les individus. Il ne doit pas dépasser 30 à 35 % des calories quotidiennes. Les lipides peuvent avoir un rôle énergétique, structural ou fonctionnel.

II-2- Rôles des lipides

Leur principale fonction est d'apporter à l'organisme une quantité d'énergie suffisante à son fonctionnement (9 kcal par gramme de lipides). Les réserves énergétiques sont essentiellement constituées par les triglycérides du tissu adipeux blanc. Parmi les acides gras, ce sont principalement les acides gras saturés (AGS) et secondairement les acides gras monoinsaturés (AGMI) qui assurent ce rôle énergétique. Ils sont des substrats énergétiques particulièrement pour les muscles squelettiques, le myocarde et le foie (Couet, 2005).

Les lipides complexes (phospholipides, lécithines, sphingomyéline) sont les constituants essentiels des membranes biologiques. L'abondance respective du cholestérol et des phospholipides et la composition en acides gras de ces derniers contribuent à moduler la fluidité des membranes et interagissent avec les protéines membranaires à activité biologique telles que les enzymes, les transporteurs membranaires et les récepteurs hormonaux (Couet, 2005). Les cellules nerveuses sont particulièrement riches en lipides, et certains acides gras polyinsaturés sont indispensables à leur structure.

Dans tous les tissus de l'organisme, les médiateurs lipidiques jouent un rôle de messagers aux niveaux cytosolique et intercellulaire. Ces molécules oxygénées, dites eicosanoïdes, régulent des fonctions aussi diverses que la reproduction, la physiologie cardiaque, la coagulation sanguine, l'hémostase, l'inflammation, le fonctionnement des glandes endocrines et exocrines, ... (Guesnet et al., 2005).

Les eicosanoïdes comprennent les leucotriènes et les prostanoïdes. Ils dérivent tous des produits de désaturation et d'élongation des AGE. Ce sont principalement l'acide arachidonique (C20 : 4 n-6) et l'acide eicosapentaénoïque (C20: 5 n-3) (figure 2) mais aussi l'acide dihomo-γ-linolénique (C20 :3 n-6).

La synthèse des leucotriènes s'effectue essentiellement dans les cellules de l'inflammation (leucocytes, macrophages, ...). Les leucotriènes dérivent de l'action d'un système d'oxydation, les lipoxygénases, présent dans divers tissus et au niveau des cellules sanguines (Couet, 2005). Elles jouent un rôle essentiel dans l'inflammation, l'allergie, les phénomènes d'hypersensibilité tissulaire et les mécanismes immunitaires (Dacosta, 2004).

La formation de prostanoïdes se fait en deux étapes successives. D'abord, les AG sont oxygénés en endopéroxydes (PGG) par des cyclooxygénases, puis transformés en composés cycliques hydroxylés (PGH). On distingue trois séries de PGH selon l'acide gras originel : les PGH1 sont issues de l'acide dihomo- -linolénique (C18 : 3 n-6), les PGH2 proviennent de l'acide arachidonique (C20 : 4 n-6) et les PGH3 de l'acide éicosapentaénoïque (C20 : 5 n-3). Ces différentes prostaglandines (PG) ainsi formées sont ensuite transformées par des enzymes spécifiques à chaque tissu.

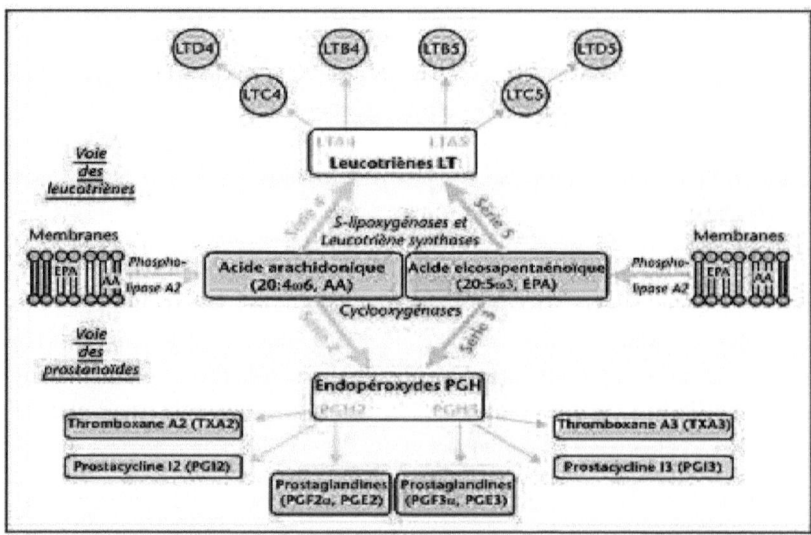

Figure 2 : **Synthèse des prostanoïdes et des leucotriènes à partir de l'acide arachidonique et de l'acide eicosapentaénoïque (Guesnet et al., 2005).**

Récemment, de nouveaux médiateurs de nature lipidique issus de l'oxygénation enzymatique par les COX, les LOX et les cytochromes P450 ont été découverts (Schwab et Serhan, 2006). Ce sont les résolvines E, issues de l'EPA et les résolvines D et protectines issues du DHA. Ces molécules présentent des propriétés anti-inflammatoires, régulatrices du système immunitaire et neuroprotectrices (Bazan, 2006 et 2007).

Les acides gras, dont les AGPI n-3, sont capables de moduler l'expression de gènes impliqués dans le métabolisme lipidique, plus particulièrement dans la lipogenèse hépatique (enzyme malique, acide gras synthase) (Clarke, 2001). Ainsi, l'ALA et le DHA influencent l'expression de nombreux gènes au niveau du foie et du tissu adipeux (Ntambi et Bené, 2001).

Au-delà de leurs effets structuraux, les lipides d'origine alimentaire sont impliqués dans la production de seconds messagers assurant le couplage fonctionnel entre le récepteur membranaire et l'effecteur intracellulaire. Il s'agit de diacyglycérol (DAG) et de phosphoinosilides (PI) résultant du clivage de glycophospholipides situés dans le feuillet interne de la membrane plasmique par activité de phospholipase C (Couet, 2005). Les lipides sont également source de vitamines liposolubles dont la vitamine E, qui est un antioxydant.

II-3- Classification des lipides

Outre les eicosanoïdes, on a dans la famille des lipides :

II-3-1- Triglycérides

Les triglycérides (également appelés triacylglycérols ou TAG) sont formés par estérification d'une molécule de glycérol par trois acides gras qui peuvent être identiques ou différents (Moatti et Baudin, 2007). Les triglycérides sont fabriqués principalement dans le tissu adipeux, mais également au niveau du foie et de l'intestin grêle. Après synthèse, ils sont stockés dans les vacuoles lipidiques des adipocytes. La synthèse des TG (figure 3) s'effectue par transfert sur le glycérol-3-phosphate d'acides gras activés (associés au coenzyme A par une liaison thioester : acyl CoA).

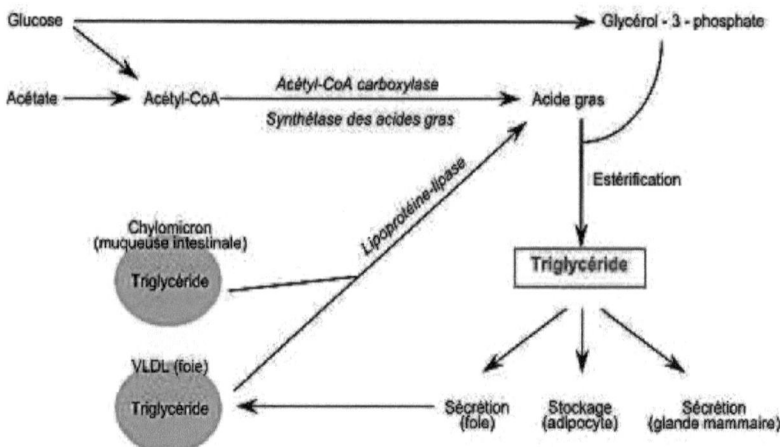

Figure 3 : Voies de synthèse des triglycérides (Vernon et al., 1999).

II-3-2- Phospholipides

Les phospholipides sont des glycérides dont le glycérol est estérifié par deux acides gras et la dernière fonction alcool primaire par un acide phosphorique. Cette structure commune à tous les phospholipides porte le nom d'acide phosphatidique. Les phospholipides se rencontrent dans toutes les cellules vivantes parce qu'ils sont des constituants indispensables des membranes biologiques. Ils peuvent aussi être des substances de réserve (jaune d'œuf). Les phospholipides ont des propriétés intéressantes en technologie alimentaire : émulsifiants.

II-3-3- Acides gras

Ce sont des molécules organiques comprenant une chaîne carbonée terminée par un groupement carboxylique. Cette dernière peut être dépourvue de toute double liaison et dans ce cas, les acides gras sont dits saturés, comme elle peut présenter une ou plusieurs doubles liaisons et les acides gras sont alors désignés sous les termes de monoinsaturés et polyinsaturés respectivement.

Deux nomenclatures existent pour les acides gras, notamment pour les acides gras insaturés (figure 4). La première désigne le carbone du groupement carboxyle comme le premier carbone de la chaîne (C1). La deuxième, quant à elle, attribue le numéro 1 au carbone du groupement méthyle. C'est cette dernière qui est généralement beaucoup plus utilisée, notamment par les nutritionnistes. En plus de ces deux nomenclatures, existe une troisième dont sont issus les noms communs de la majorité des acides gras (Cuvelier et al., 2004).

Les familles des AGPI sont nommées par rapport à la première double liaison côté méthyle terminal. Ils ont dans leur structure deux à six doubles liaisons (ou même plus) (Moreau, 1993). A noter que celles-ci ne se suivent jamais : il faut au moins trois atomes de carbone entre celles-ci, et en général, entre elles, il y a des radicaux méthyles qui stabilisent la molécule.

Si les acides gras saturés, monoinsaturés et certains acides gras polyinsaturés (familles n-7 et n-9) peuvent être synthétisés par l'organisme, les précurseurs des oméga 3 et oméga 6 (acide alpha-linolénique et acide linoléique respectivement) doivent être apportés par l'alimentation : ils sont dits indispensables (Leblanc, 2006 ; Cetin et al., 2009 ; Russo, 2009).

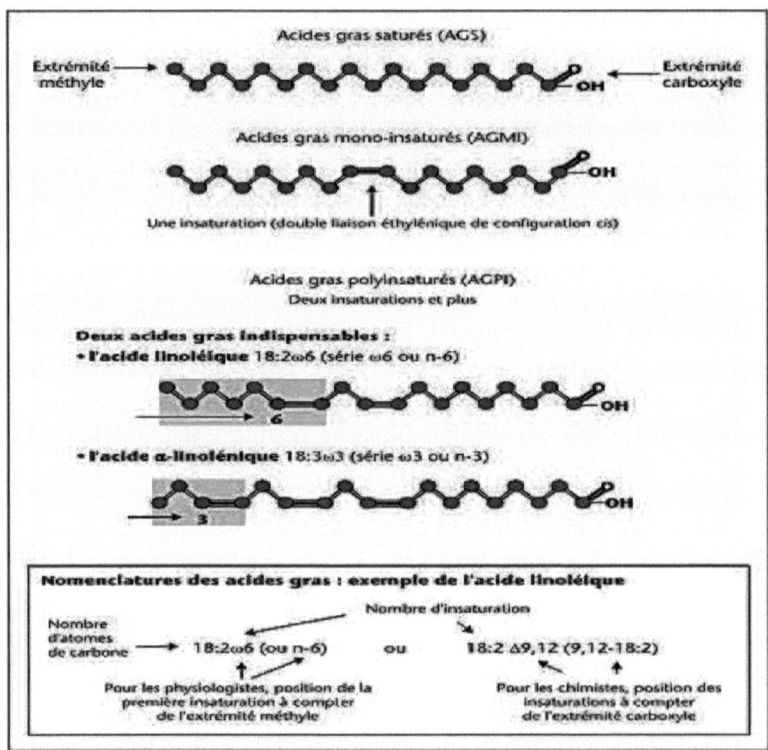

Figure 4 : **Structure et nomenclature des principales familles d'acides gras (Guesnet et al., 2005).**

Seuls les végétaux possèdent les enzymes nécessaires à la synthèse de l'acide linoléique et de l'acide α-linolénique (Logas et al., 1991). Ces deux doubles liaisons sont impossibles à insérer chez l'animal et l'homme qui, toutefois, peuvent ajouter aux deux acides gras indispensables, le C18: 2 n-6 et le C18: 3 n-3, des doubles liaisons supplémentaires vers l'extrémité carboxyle, et allonger ainsi la chaîne carbonée (AFSSA, 2003).

En effet, l'homme étant, par la suite, capable de transformer ces deux précurseurs en leurs dérivés à longue chaîne. Cependant, le rendement de cette voie métabolique de transformation de l'ALA en ses dérivés longs reste très faible (Hermier, 2010 ; Simopoulos, 2010). Ce faible rendement s'explique par la compétition entre les deux séries des AGPI n-6 et n-3 quant aux enzymes désaturases, notamment la Δ5 et la Δ6, impliquées dans leur métabolisme. L'enzyme Δ6 désaturase est l'enzyme limitante de cette réaction, car elle seule peut débuter la synthèse des acides gras à longue chaîne (figure 5) (Stoffel et al., 2008).

Il semblerait, toutefois, que ces deux enzymes préfèreraient la voie des oméga 3 à celle des oméga 6. Cependant, une forte ingestion d'acide linoléique interfèrerait dans la désaturation et l'élongation de l'acide α-linolénique (Emken et al., 1989). Il n'existe ni transformation métabolique ni substitution fonctionnelle entre les deux familles oméga 6 et oméga 3 (Innis, 1991 ; Simopoulos, 2010).

Ainsi donc, la conversion des AGPI alimentaires (LA et ALA) en métabolites supérieurs fonctionnellement importants se fait par deux désaturations enzymatiques directes (Δ6 et Δ5), puis par une désaturation indirecte en Δ4. Le besoin alimentaire en DHA pourrait s'expliquer par l'incapacité de certains tissus (cœur par exemple) à effectuer cette dernière étape (Grynberg, 2007). La Δ4 désaturation du DPA (C22 : 5 n-3) en DHA (C22 : 6 n-3) se ferait par trois réactions successives : d'abord, une élongation microsomale du C22 : 5 n-3 en C24 : 5 n-3, suivie d'une désaturation en C24 : 6 n-3, puis en dernier un raccourcissement peroxysomal en C22 : 6 n-3 (DHA) (Voss et al., 1991 ; Martinez et al., 2010).

L'ensemble des dérivés obtenus, ajoutés aux deux acides indispensables précurseurs, constituent les deux séries d'acides gras essentiels, nécessaires au bon fonctionnement de l'organisme.

Chapitre II : Lipides et acides gras polyinsaturés

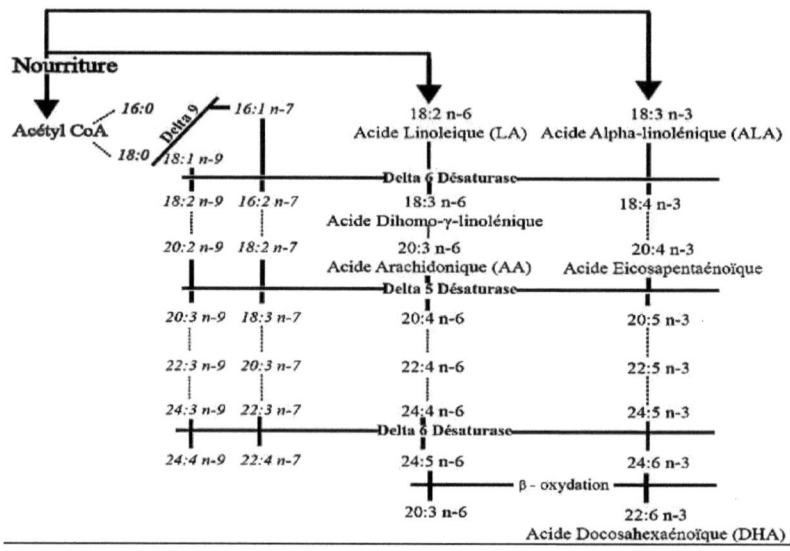

Figure 5 : Synthèse des acides gras essentiels oméga-3, oméga-6 et non essentiels oméga-7 et oméga-9 (Stoffel et al., 2008).

II-4- Caractères essentiel et indispensable des AGPI n-6 et n-3

Il faut distinguer les deux précurseurs des deux séries de leurs dérivés à longues chaînes tels que l'acide arachidonique (ARA) pour la famille des oméga 6 et l'acide docosahexaénoïque (DHA) et l'acide éicosapentaénoïque (EPA) pour la famille oméga 3.

En 1929, Burr et Burr constatent que des rats soumis à un régime sans corps gras présentent de sévères anomalies physiologiques : retard de croissance, troubles cutanés, dysfonctionnement rénal et perte des fonctions de reproduction, et lorsque les lipides sont réintroduits à nouveau dans l'alimentation, ces perturbations disparaissent. De même, ils découvrent que ce syndrome n'est pas dû à une carence en corps gras, mais surtout à l'absence d'un type bien déterminé d'acides gras insaturés : l'acide linoléique.

C'est ainsi qu'a été établi que l'organisme animal était dépendant de l'apport alimentaire en cet acide gras (Karleskind, 1992). De même, par la suite, l'ARA a été prouvé comme faisant partie des acides gras essentiels. L'essentialité de l'acide linoléique (C18 : 2 n-6) a été démontrée vers la fin des années 1950, chez l'espèce humaine comme rapporté dans certains travaux (Hansen et al., 1958 cités par Milner et Allison, 1999).

Concernant l'acide α-linolénique (C18 : 3 n-3), c'est vers les années 1970 que des recherches ont montré qu'une carence prolongée du régime en cet acide gras, portant sur plusieurs générations, occasionnait des troubles de la vision et des fonctions cérébrales chez le rat. Chez l'homme, l'essentialité de C18:3 n-3 n'a été établie qu'en 1982 (Holman et al., 1982).

C'est pourquoi donc ces deux acides LA et ALA sont appelés acides gras essentiels (AGE) représentant ou à l'origine des deux familles ω 6 et ω 3, distinctes des points de vue physico-chimique et physiologique et n'ayant pas le même caractère d'essentialité (l'une ne peut remplacer l'autre).

Enfin, pour compléter le concept d'essentialité, il convient d'utiliser le terme « d'acides gras indispensables » pour les deux précurseurs : acide linoléique et acide α-linolénique, car ils sont indispensables pour la croissance normale et les fonctions physiologiques de tous les tissus, mais non synthétisables par l'homme ou l'animal (Legrand et Mourot, 2002).

II-5- Importance des AGPI pour l'organisme

Les AGPI alimentaires particulièrement les oméga 3 contrôlent ceux des membranes (Holman, 1986), et sont particulièrement importants pour assurer un développement cérébral harmonieux (Bourre, 1996). Ce sont donc des éléments majeurs de la structure et de la physiologie cellulaire (Robertfroid, 2002).

II-5-1- Structure des membranes cellulaires

La membrane cellulaire est composée d'une double couche de phospholipides. Chaque phospholipide comprend deux acides gras. Les neurones du cerveau sont les cellules les plus riches en acides gras polyinsaturés essentiels à très longues chaînes. Ceci s'explique par leur grande activité, qui réclame une fluidité parfaite. La teneur des membranes en acides gras influence leur fonctionnement. Une diminution de la fluidité membranaire est à l'origine de nombreux désordres tels que la baisse de mémoire, le diabète, les hyperlipémies, les troubles vasculaires, l'arthrose, l'anxiété...

L'acide arachidonique (AA, 20:4 n-6) constitue l'acide gras majeur des membranes biologiques à côté de l'acide docosahexaénoique (DHA, 22:6 n-3) ; ce dernier qui est présent en grande quantité dans le cerveau et au niveau de la rétine (Innis, 2003 ; SanGiovanni et Chew, 2005 ; McNamara et Carlson, 2006). En effet, les animaux spécifiquement carencés en acides gras n-3 présentent des altérations de la fonction visuelle et des capacités cognitives (Alessandri et al., 2004).

II-5-2- Précurseurs des médiateurs lipidiques oxygénés

Les précurseurs des deux séries essentielles oméga 6 et oméga 3 sont utilisées dans l'élaboration d'acides gras hautement insaturés et d'eicosanoïdes, substances ayant des effets favorables sur la composition des membranes cellulaires ainsi que sur de nombreux processus biochimiques de l'organisme (Uauy et al., 2001). Ces molécules ont des propriétés hormonales mais qui se différencient des hormones vraies par le fait qu'elles agissent *in situ* (c'est-à-dire où elles sont formées), elles sont très actives et de courte durée.

Dans cette famille, on retrouve les prostaglandines, impliquées dans les processus de réactions inflammatoires et dans la reproduction, les leucotriènes qui ont une importance dans les processus inflammatoires allergiques et dans la douleur, et les thromboxanes qui jouent un rôle important dans la coagulation et dans la régulation de la pression artérielle (figure 6).

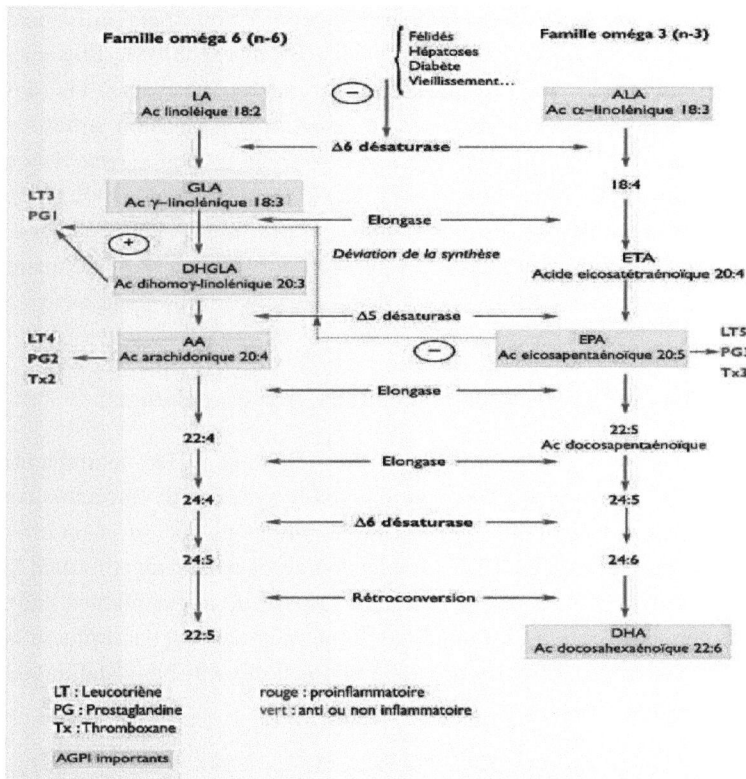

Figure 6 : **Métabolisme des AGPI oméga 6 et oméga 3 (Fontaine, 1993).**

II-5-3- Effets sur les maladies cardiovasculaires

Les AGPI ω3 et ω6 ont des effets antagonistes sur le plan cardiovasculaire (Schmitz et Ecker, 2008). Ainsi, les eicosanoïdes issus de l'acide arachidonique sont pro-inflammatoires et/ou prothrombotiques, et ceux provenant de la série oméga 3 sont anti-inflammatoires et/ou antithrombotiques (Wertz, 2009). Les oméga 3 ont une influence bénéfique sur les facteurs de risque cardiovasculaire ayant une origine alimentaire comme le taux de triglycérides, les arythmies et l'hypertension artérielle (Von Schacky, 2006).

C'est notamment par incorporation dans les membranes cellulaires du muscle cardiaque que les acides gras oméga 3 pourraient influencer favorablement le fonctionnement du cœur (Brouwer, 2005). Plusieurs travaux montrent le rôle protecteur de ces acides gras vis-à-vis des problèmes cardiovasculaires tels que la baisse l'hypertension artérielle (Morris et al., 1993 ; Torrejon et al., 2007), la réduction du risque d'arythmie cardiaque (Kris-Etherton et al., 2002 ; Breslow, 2006), la baisse du taux des triglycérides plasmatiques (Harris et al., 1997 ; Weber et Raederstorff, 2000), la diminution de l'agrégation plaquettaire, notamment en ce qui concernent l'EPA et le DHA, qui favorisent également la dilatation des vaisseaux sanguins.

II-5-3-1- Effets sur l'agrégation plaquettaire et la coagulation

Les AGPI oméga 3 à longue chaîne (EPA et DHA notamment) diminuent l'agrégation plaquettaire en inhibant la synthèse de thromboxane TXA_2, ayant un très fort pouvoir d'agglutination des plaquettes et un effet vasoconstricteur au profit de TXA_3, faiblement agrégante, et en stimulant la production de la PGL3, très anti-agrégante. Aussi, ils augmentent le taux d'anti-thrombine III, qui est un inhibiteur de la coagulation et accentuent la fibrinolyse (Dacosta, 1998). Ils ont donc une activité anti-hémostatique et anti-thrombotique.

II-5-3-2- Effets sur l'arythmie

L'effet anti-arythmique des AGPI n-3 à longue chaîne, notamment l'EPA et surtout le DHA a été démontré dans plusieurs travaux (Christensen et al., 1996 ; Wongcharoen et Chattipakorn, 2005). L'effet anti-arythmique est obtenu quand le DHA représente 20 % des lipides membranaires cardiaques (Kang et Leaf, 2000).

Le risque de mort par arrêt cardiaque est, en effet, diminué de 50 % chez des sujets consommant 5,5 g d'AGPI n-3 à longue chaîne par mois (l'équivalent d'un repas de poisson gras par semaine) comparativement à ceux qui n'en consomment pas (Siscovick et al., 1995). Pour Iso et al. (2001), le risque d'AVC thrombotique est réduit de 50 % chez les femmes consommant du poisson au moins 2 fois/semaine par comparaison à celles qui en consommaient moins d'1 fois/mois.

II-5-3-3- Effets sur la tension artérielle

Les AGPI n-3 diminuent légèrement la pression artérielle, mais le phénomène n'est pas très marqué et varie selon les sujets. La consommation d'EPA et de DHA par des sujets hypertendus induit une diminution légère de la pression systolique et diastolique (Morris et al., 1993 ; Connor et Connor, 1997 ; Connor, 2000).

II-5-3-4- Prévention de l'athérosclérose et de la thrombose

Les effets bénéfiques des oméga 3 (EPA et DHA) sur les causes de l'athérosclérose se manifestent par la réduction de l'adhésion et de la migration des monocytes, qui interviennent dans l'athérosclérose en se fixant sur les parois vasculaires lésées, par la stimulation de la production par l'endothélium vasculaire d'un « facteur de relaxation », qui favorise la vasodilatation des artères coronaires et par l'inhibition de la production par les plaquettes des PDGF, « facteurs de croissance », qui, en renforçant le développement des tissus (spécialement ceux des muscles lisses) produisent des plaques d'athérome et contribuent à rétrécir le diamètre des vaisseaux (Dacosta, 1998).

II-5-4- Effets sur le système immunitaire

Les AGPI oméga 6 et oméga 3 sont transformés en eicosanoïdes (leucotriènes, prostaglandines et thromboxanes), qui sont impliqués dans toutes les réactions de type immuno-inflammatoires. Les eicosanoïdes dérivés des AGPI n-3 sont environ 100 fois moins actifs sur les processus inflammatoires que ceux dérivés de l'ARA.

Un apport accru en acides gras n-3 (précurseur ALA ou EPA-DHA) s'accompagne d'une diminution prononcée de la réaction inflammatoire par diminution de la synthèse des leucotriènes de la série 4, secondairement à la compétition au niveau de la delta 6-désaturase (entre ALA et LA) ou au niveau des lipoxygénases en cas d'apport d'AGPI-LC n-3 (EPA et DHA) (ID.Mer, 2004). Cela expliquerait l'aptitude des acides gras oméga 3 à réduire les réactions inflammatoires et immunitaires, car leurs dérivés remplacent ceux provenant des oméga 6, beaucoup plus actifs (Dacosta, 1998 ; Simopoulos, 2002).

Un régime riche en AGPI n-3 diminue la production des cytokines pro-inflammatoires telles que les interleukines $IL_{1\beta}$ et IL_6 et le TNF-α (Tumor Necrosing Factor-alpha). L'effet inhibiteur de ces cytokines s'explique par l'incorporation de ces AGPI-LC n-3 dans les membranes des cellules mononuclées. Pour Caughey et al. (1996), il existe, en effet, une relation inverse entre la teneur en EPA des phospholipides membranaires des cellules nuclées et la production de deux cytokines : TNF-α et $IL_{1\beta}$.

II-5-5- Effets sur le développement de certains cancers

Plusieurs travaux montrent que les AGPI n-6 stimulent en général la croissance tumorale, tandis que leurs homologues n-3 semblent l'inhiber ou s'opposer aux effets stimulants des acides gras n-6, donc ayant un effet protecteur (Bougnoux et Menanteau, 2005 ; Berquin et al., 2008). Ainsi, Rose et Connolly (1992) ont constaté que la croissance des cellules cancéreuses de prostate humaine est stimulée par l'acide linoléique, mais inhibée par l'EPA et le DHA. En effet, les AGPI-LC (EPA et DHA) sont généralement considérés comme inhibiteurs de la croissance tumorale (Judé et al., 2006).

Les AGPI n-3 réduisent le taux de certains cancers des intestins (Kimura et al., 2007), du sein (Kim et al., 2009) et de la prostate (Augustsson et al., 2003). Concernant ce dernier point, certaines études récentes viennent remettre en cause l'effet préventif des AGPI n-3 et montrent, au contraire, une augmentation du risque de cancer de prostate au stade clinique avec l'apport en ALA. L'effet protecteur des oméga 3 pourrait provenir de la toxicité des peroxydes d'acides gras pour les cellules cancéreuses, car on sait que les huiles de poisson sont aisément peroxydées (Dacosta, 1998).

II-5-6- Effets sur la fonction neuro-sensorielle

Les AGPI n-3, notamment le DHA, contribuent au développement du cerveau et des organes neuro-sensoriels du fœtus et du nourrisson. Il existe, en effet, pendant les périodes de gestation et d'allaitement, une relation entre la quantité d'ALA dans l'alimentation maternelle et l'accumulation de ces composés dans le cerveau du fœtus ou du nouveau-né jusqu'à l'obtention d'un optimum (Bourre et al., 1989 ; Bazan et al.,

1982 ; Jensen et al., 2005). Pendant les six premiers mois de la vie du nourrisson, les besoins en DHA, apporté par le lait, sont de l'ordre de 70 à 80 mg par jour (Jensen et al., 2000).

À partir des acides gras essentiels vont être synthétisés des dérivés à longue chaîne sous l'effet des élongases et des désaturases, notamment l'acide arachidonique (C20 : 4 n-6), l'EPA (C20 : 5 n-3) et le DHA (C22 : 6 n-3), qui sont des constituants majeurs de la membrane des neurones (Bourre et al., 1984). Cette activité enzymatique diminue avec l'âge (Burdge et al., 2003). Le statut en DHA est alors beaucoup plus dépendant des apports nutritionnels (Muskiet et al., 2004). En renforçant la fluidité et la souplesse des membranes cellulaires du cerveau, les oméga 3 à longue chaîne assurent une amélioration des performances cognitives. Le rôle des AGPI dans l'inflammation pourrait également expliquer leur effet sur le vieillissement cérébral.

De nombreux travaux ont montré la relation entre statut en AGPI-LC et dysfonctionnements du système nerveux tels que les maladies neurodégénératives comme les maladie d'Alzheimer et de Parkinson (Corrigan et al., 1998 ; Barberger-Gateau et al., 2002 ; Bousquet et al., 2011) et certaines maladies psychiatriques telles que la schizophrénie (Assies et al., 2001), le trouble déficitaire de l'attention avec hyperactivité (Richardson et Puri, 2002 ; Spahis et al., 2008), l'anxiété (Mamalakis et al., 1998), le trouble bipolaire (Rapoport et Bosetti, 2002), la dépression majeure (Tanskanen et al., 2001 ; Logan, 2003) ou post-partum (Hibbeln et Salem, 1995 ; Otto et al., 2003), la démence (Kalmijn et al., 1997).

L'apport alimentaire en AGPI-LC, notamment le DHA, joue également un rôle déterminant sur la mise en place des principaux constituants membranaires de la rétine, dont les mêmes cellules doivent assurer la qualité de la vision tout au long de la vie de l'organisme (Roberfroid, 2002). En effet, l'apport en acides gras n-3 réduit la dégénérescence des cellules de la rétine liée à l'âge et donc le risque de cécité.

Les AGPI ω3 issus de l'alimentation pourraient prévenir la neuro-dégénérescence en régulant négativement la surexpression des cytokines inflammatoires qui apparaît au cours du vieillissement. Enfin, ces acides gras activent des récepteurs nucléaires spécifiques (PPAR) (peroxisome proliferator-actived receptors) et induisent ainsi la transcription de gènes codant pour des protéines et des enzymes impliquées dans la β-oxydation mitochondriale et peroxisomale (Alessandri et al., 2004).

II-5-7- Effets sur le stress mental

Delarue et al. (2003) ont montré qu'une supplémentation alimentaire de 6 g/j d'huile de poisson renfermant 18 % d'EPA et 12 % de DHA, soit 1,1 g/j EPA + 0,7 g/j DHA, éliminait l'augmentation des dépenses énergétiques et du cortisol liées au stress et réduisait l'élévation de la pression artérielle et des catécholamines induites par le stress mental. Ainsi donc, les AGPI-LC n-3 ont des effets anti-stress.

II-6- Importance du ratio ω6/ω3

La compétition entre les mêmes enzymes (désaturases, élongases et transférases) impliquées dans le métabolisme des deux séries d'AGPI suggère la recherche d'un équilibre entre l'acide linoléique et l'acide alpha-linolénique. Cependant, suite au déséquilibre alimentaire dans presque toutes les sociétés du monde, particulièrement occidentales, ce rapport est actuellement de 15 à 30 (Mourot et al., 2009). Or, les recommandations des nutritionnistes sont très nettement en faveur d'un abaissement de ce rapport à 5/1 (ANC, 2001), et ce, en consommant davantage d'acides gras n-3 et en diminuant la prise d'oméga 6.

Le rapport oméga 6/ oméga 3 est déterminant sur les facteurs de risque cardiovasculaire, sa diminution exerce ainsi un effet protecteur. L'abaissement de ce ratio a également un effet potentiellement correctif et préventif chez l'obèse et le diabétique (Schmitt, 2011). Toute augmentation de l'un de ces acides gras aux dépens de l'autre se traduit par une diminution de la biosynthèse et/ou de l'incorporation des dérivés appartenant à l'autre famille. Si ce rapport devient trop faible, il s'en suit un abaissement de la teneur des lipides corporels en acide arachidonique. Au niveau des plaquettes sanguines, cette situation augmente le temps de saignement.

Un rapport oméga 6/oméga 3 trop élevé conduit à des médiateurs générant un effet agrégant, arythmogène, inflammatoire, prolifératif prédominants, d'où les conséquences de plus en plus importantes dans nombre de pathologies (Lecerf, 2004).

Ainsi donc, les effets opposés des familles d'acides gras n-6 et n-3 doivent être pris en compte dans l'atteinte d'un équilibre optimal pour assurer à la fois l'homéostasie et le développement normal de l'organisme.

II-7- Besoins et recommandations en AGPI

Il est recommandé pour prévenir les maladies cardiovasculaires que l'apport total des lipides n'excède pas 30 – 35 % de l'énergie du régime, avec un rapport d'acides gras polyinsaturés sur acides gras saturés de l'ordre de 0,8 (Jacotot, 1988).

Les besoins en acides gras oméga 3 sont importants chez l'Homme pendant la période néo-natale, et doivent être apportés à la mère en cours de grossesse, puis au nouveau-né. Il faut noter que le lait de la femme contient des quantités non négligeables d'acide linoléique mais aussi d'acide cervonique (DHA).

L'AFSSA (Agence Française de Sécurité Sanitaire des Aliments), dans son édition des Apports Nutritionnels Conseillés (ANC, 2001), préconise une consommation journalière de 2 g d'acide alpha-linolénique pour 10 g d'acide linoléique, donc un ratio LA/ALA de 5.

Le tableau 8 résume les apports recommandés en différents acides gras chez l'adulte.

Tableau 8 : **Apports recommandés en différents acides gras chez l'adulte (g/j) (ANC, 2001)**

	AGS	AGMI	C18:2 n-6	C18:3 n-3	AGPI-LC	DHA	Total
Homme adulte	19,5	49	10	2	0,5	0,12	81
Femme adulte	16	40	8	1,6	0,4	0,1	66
Femme enceinte	18	45,5	10	2	1	0,25	76,5
Femme allaitante	20	50	11	2,2	1	0,25	84,2
Sujet âgé	15	38	7,5	1,5	0,4	0,1	62,5

II-8- Sources alimentaires des AGPI

Les huiles végétales constituent la forme principale en ces acides gras puisqu'elles couvrent entre 30 et 40 % des apports quotidiens en ces AGPI de l'homme. L'acide linoléique est présent dans l'ensemble des huiles végétales comme celles de tournesol, de maïs et d'arachide (Bourre, 1994). L'acide alpha-linolénique, quant à lui, est plus présent dans les huiles de colza, de soja, de noix et de pépins de cassis avec des teneurs allant de 7 à 17 g pour 100 g. L'huile de pépins de kiwi est très concentrée en oméga 3 puisqu'elle contient jusqu'à 60 % d'ALA (ID.Mer, 2004).

Si les matières grasses d'origine végétale apportent exclusivement les AGPI précurseurs, celles provenant des produits animaux apportent à la fois les précurseurs et les dérivés à longue chaîne. Ainsi, les viandes, les œufs et les abats fournissent les dérivés des deux séries d'AGPI (acide arachidonique et DHA), alors que les lipides d'origine marine, provenant des poissons et des fruits de mer, apportent essentiellement les deux représentants majeurs des AGPI-LC de la famille oméga 3 : l'EPA (C20 : 5 n-3) et le DHA (C22 : 6 n-3) (Robertfroid, 2002).

II-9- Modalités d'enrichissement de l'alimentation en AGPI n-3

Pour augmenter l'apport alimentaire en AGPI n-3, différentes stratégies peuvent être adoptées. Ainsi, l'AFSSA (2003) préconise de consommer les aliments naturellement riches en ALA tels que les huiles de colza ou de soja, et des produits de mer qui, eux, fournissent les AGPI-LC (EPA et DHA) dont l'organisme a besoin d'autant plus que le taux de conversion du précurseur (ALA) en ces deux dérivés est très limité aussi bien chez l'animal et encore moins chez l'homme (Martinod, 2011).

Une supplémentation en acides gras polyinsaturés de la série oméga 3 (EPA/DHA) a une action directe sur le tissu adipeux : "anti-adipogénique" par une diminution de la prolifération des adipocytes, par une diminution du stockage des graisses due à une augmentation de la bêta-oxydation et une diminution de l'activité de l'AGsynthase (Coulhon, 2011).

Une démarche simple consiste à confectionner des aliments ou des repas à partir de matières premières riches en AGPI n-3 (huile de poisson, lin), ce qui permettra d'augmenter l'apport en ces éléments essentiels tels que les pâtes, les produits laitiers, le pain, etc. (Weill et al., 2002 ; Whelan et Rust, 2006).

Une autre stratégie consiste à utiliser des animaux d'élevage pour enrichir les produits de consommation. En effet, l'utilisation de graines ou l'huile de lin, par exemple, permet d'enrichir les lipides animaux en oméga 3 (Verdelhan et al., 2005 ; Mourot et al., 2009). C'est ainsi que les lipides intramusculaires de ces animaux sont enrichis en AGPI-LC, issus du métabolisme de l'acide alpha-linolénique.

Cependant, l'intérêt de cet enrichissement peut-être contrecarré par le problème de la peroxydation des AGPI-LC qui diminue les possibilités de stockage des produits et peut altérer leurs propriétés organoleptiques (AFSSA, 2003) ; d'où l'intérêt de rajouter des antioxydants, naturels ou de synthèse, dans l'aliment enrichi en acide alpha-linolénique (Combes et Cauquil, 2006a et b ; Lessire, 2001 ; Mourot et al., 2010).

II-10- Peroxydation des AGPI

Les AGPI à l'état libre ou sous forme de triglycérides sont sensibles à l'oxydation, et ce, d'autant plus que leur degré d'insaturation est élevé. Les produits riches en AGPI, contenant de l'eau et/ou des agents pro-oxydants catalyseurs (ions métalliques tels que le fer ou le cuivre) possèdent une susceptibilité à l'oxydation et à la peroxydation (AFSSA, 2003). L'agent initiateur peut être de l'oxygène, des radiations, des températures élevées ou encore des enzymes endogènes (lipoxygénases, peroxydases). La peroxydation des lipides présents dans les denrées alimentaires telles que les viandes génèrent des flaveurs désagréables (le goût et l'odeur du rancissement).

L'oxydation des lipides se déroule en trois phases successives (figure 8) : après une première étape d'initiation par une espèce réactive de l'oxygène (ROS ou ERO), où un radical libre est produit par élimination d'un hydrogène d'un acide gras, les réactions se suivent pour produire d'autres radicaux libres (propagation), qui se combinent pour donner enfin des composés non radicalaires (terminaison) (Lagarde et Lafont, 2003 ; Niki et al., 2005).

L'oxydation des lipides concerne aussi bien les acides gras non estérifiés qu'estérifiés (triacylglycérols, phospholipides et esters de cholestérol), ou encore le cholestérol libre (Combes et Dalle Zotte, 2005). Pour les dérivés d'acides gras, le mécanisme d'attaque oxydante est la peroxydation lipidique ; elle concerne essentiellement les acides gras polyinsaturés (AGPI) tels que les acides linoléique, α-linolénique et arachidonique (Lagarde et Lafont, 2003) (figure 7). Les facteurs d'influence des phénomènes oxydatifs sont ceux qui favorisent la formation de radicaux libres.

L'altération des acides gras polyinsaturés est auto-catalysée par la dégradation d'hydroperoxydes préalablement formés durant les réactions d'initiation. Leur décomposition est favorisée par les cations métalliques (Cu^{2+}, Fe^{2+}, etc.) présents à l'état de traces ou organométalliques (noyau hémique provenant de produits animaux, ..) (Becquart, 2011).

La présence d'antioxydants, naturels ou ajoutés, freine les risques d'apparition de produits oxydés. Le rôle des tocophérols, antioxydant naturel dont il existe plusieurs isomères, est à mettre en exergue à ce niveau. En effet, les radicaux lipidiques « peroxy » (ROO•) réagissent rapidement avec les groupes hydroxyles (OH phénoliques) des antioxydants, formant ainsi des structures stabilisées par résonance et rompant le cycle de dégradation oxydative (Becquart, 2011).

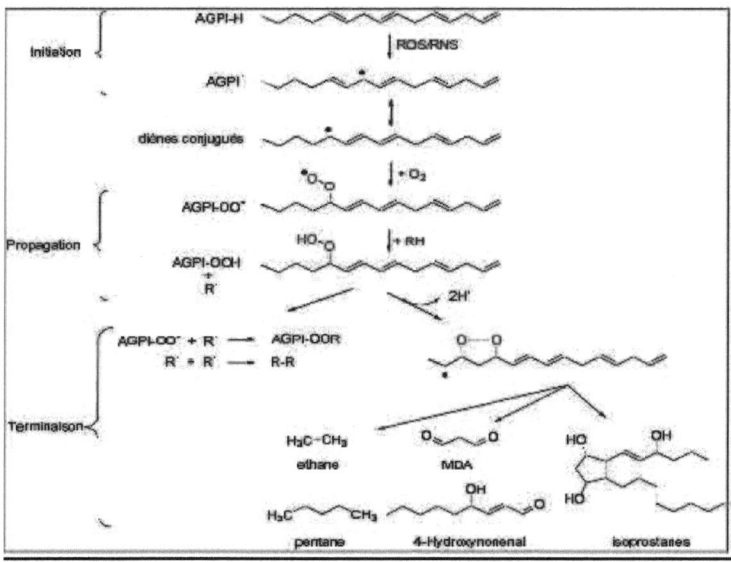

Figure 7 : Peroxydation des AGPI (Lagarde et Lafont, 2003).

Les espèces réactives de l'oxygène (ROS ou ERO) ont longtemps été considérées comme des agents cytotoxiques en raison des dommages oxydatifs qu'elles causent à la cellule. Cependant, il est important de noter le rôle de second messager que les radicaux superoxydés peuvent jouer au niveau des mécanismes de signalisation cellulaire. Ils sont ainsi impliqués dans les phénomènes d'apoptose, dans la prolifération des cellules musculaires lisses (cellules vasculaires), dans l'adhésion des monocytes aux cellules endothéliales, ou bien encore dans l'agrégation plaquettaire (Gardès-Albert et al., 2003).

CHAPITRE III
Construction de la qualité nutritionnelle de la viande

III-1- Introduction

Dans le cadre de ce travail, l'aspect qualitatif de la viande sera abordé du point de vue lipidique. Après un rappel sur la mise en place du tissu adipeux chez le lapin et le poulet, seront traitées les voies métaboliques de la lipogenèse et la dernière partie de ce chapitre sera réservée à la biosynthèse des AGPI.

III-2- Définition du tissu adipeux

Le tissu adipeux est constitué de cellules appelées adipocytes, capables de synthétiser des acides gras, de les estérifier en triglycérides, et ultérieurement de les hydrolyser pour mettre les acides gras à la disposition des autres tissus. Son développement se déroule en trois étapes successives qui sont : prolifération cellulaire, différenciation et enfin grossissement des adipocytes (Robelin et Casteilla, 1990).

Il existe deux types de tissu adipeux : le tissu brun, qui assure la thermorégulation chez les jeunes mammifères, et le tissu blanc qui, lui, joue un rôle prépondérant dans la régulation de la balance énergétique chez les vertébrés. L'ontogenèse du tissu se fait à partir de cellules précurseurs (adipoblastes) qui se multiplient. Sous l'influence de gènes de détermination, ces cellules s'engagent dans le processus de différenciation et acquièrent en plusieurs étapes les caractéristiques fonctionnelles de l'adipocyte (Robelin et Casteilla, 1990 ; Fève et al., 1998).

Les adipocytes, possédant des vacuoles lipidiques où sont stockés les triglycérides, sont répartis dans une trame de tissu conjonctif. Et le tissu adipeux est composé d'une forte proportion de lipides (75 à 85 %), le reste étant constitué d'eau (5 à 15 %) et d'une très faible quantité de protéines (Lebret et Mourot, 1998). Le tissu adipeux joue un rôle central dans le contrôle de l'équilibre énergétique de l'organisme.

En plus de jouer le rôle de réserve énergétique pour l'organisme, le tissu adipeux sécrète de nombreux peptides exerçant des effets auto-, para- et endocrines, appelés adipocytokines, qui agissent sur des tissus cibles dont les muscles, le foie et l'hypothalamus (Kolanowski, 2004 ; Guerre-Milo, 2006). Certaines adipokines, comme le TNF_α et l'IL_6, sont des facteurs d'insulino-résistance et d'inflammation, alors que d'autres, comme la leptine et l'adiponectine, exercent des effets bénéfiques sur la balance énergétique et l'homéostasie glucidique (Guerre-Millo, 2006).

Contrairement aux adipocytes, les cellules précurseurs se divisent. La formation du tissu adipeux est un processus quasi-irréversible, susceptible de se poursuivre à l'âge adulte. La prévention reste donc déterminante pour contrôler son développement au cours duquel les facteurs nutritionnels, en particulier les lipides ingérés vont jouer un rôle très important.

Parmi les acides gras d'origine alimentaire, *in utero*, le tissu adipeux peut accumuler des acides gras polyinsaturés essentiels des séries ω6 et ω3 tels que les acides linoléique et α-linolénique (Ailhaud, 2007). Les acides gras ne sont pas équipotents pour stimuler l'adipogénèse. En effet, l'acide arachidonique, très présent dans la nature, est 3 fois plus adipogénique que son équivalent de la série ω3 (présent naturellement à l'état de traces) et plus puissant que les acides gras saturés (palmitate), monoinsaturés (oléate, palmitoléate), EPA et DHA.

L'effet adipogénique de l'ARA revient à sa propriété de synthèse de prostacycline dans les préadipocytes. Après sa sécrétion, la liaison de ce prostanoïde à son récepteur de surface IP-R, couplé positivement à l'adénylate cyclase, entraîne la production d'AMP cyclique et l'activation de la voie dépendante de la protéine kinase A, qui stimule alors l'adipogénèse via l'expression des « CCAT/enhancer binding proteins » (C/EBPs) βet δ (Massiera et al., 2003).

Ces deux facteurs transcriptionnels modulent positivement l'expression de PPARγ, qui gouverne alors la différenciation terminale et conduit à la formation d'adipocytes mûrs. D'autre part, un régime hyperlipidique riche en acide alpha-linolénique, précurseur de EPA et DHA, empêche le développement excessif du tissu adipeux (Raclot et al., 1997). Ainsi, l'effet adipogénique du LA est contrecarré, dans des conditions isoénergétiques, par un apport en ALA (Massiera et al., 2003).

III-3- Mise en place du tissu adipeux

L'engraissement peut être considéré comme le résultat net d'une balance entre trois compartiments : les lipides d'origine exogène apportés par l'alimentation, la synthèse endogène de lipides (lipogenèse) et la dégradation des lipides à travers la β-oxydation. Cette dernière est un processus enzymatique, composé de quatre étapes, qui conduit à la dégradation des acides gras en plusieurs molécules d'acétyl CoA. Ces molécules rentrent ensuite dans le cycle de Krebs (Cassy et al., 2005).

III-3-1- Chez le lapin

Chez le lapin, les tissus adipeux apparaissent au cours du dernier tiers de la gestation. La mise en place des dépôts sous-cutanés (région cervicale et lobes interscapulaires) est la plus précoce (vers 21 jours de gestation), puis apparaissent les tissus adipeux inguinaux et inter-musculaires (vers 24 à 26 jours) et enfin péri-rénaux (26 à 28 jours) (Hudson et Hull, 1975 cités par Gondret, 1998).

A la naissance, le lapereau est « gras ». Ainsi, déjà au 28e jour de gestation, il contient 3,4% de lipides, et la proportion atteint 5,8% de lipides par rapport au poids vif le jour de la naissance. L'ensemble du tissu adipeux est constitué principalement par le tissu adipeux brun (5,5% du poids vif), situé sur le cou et les épaules, et par le tissu adipeux blanc (1,4% du poids vif) (Lebas, 2002).

Le tissu adipeux brun sert au lapereau exclusivement à sa thermorégulation, tandis que le tissu adipeux blanc constitue la réserve énergétique pour toutes les autres fonctions. Au-delà de 3-4 semaines, le tissu adipeux brun évolue et se transforme en tissu adipeux blanc. A l'âge d'abattage, il est représenté par le gras interscapulaire (Lebas, 2002).

La période postnatale se caractérise également par une augmentation de la teneur en lipides du muscle, liée à la mise en réserve de triglycérides dans les adipocytes qui sont groupés le long des faisceaux de fibres. La mise en place de ces adipocytes intramusculaires a lieu au cours de la période d'allaitement, puis leur nombre et leur taille augmentent avec l'âge de l'animal, au moins jusqu'à 5 mois (Gondret et Bonneau, 1998 ; Gondret et al., 1998).

Les dépôts périrénaux et mésentériques présentent une allométrie croissante alors que les dépôts sous-cutanés et intermusculaires se caractérisent par une allométrie faiblement décroissante (Vézinhet et

Prud'hon, 1975 cités par Gondret, 1999). Le développement du tissu adipeux intramusculaire est le plus tardif. L'augmentation simultanée du poids et de l'âge s'accompagne généralement d'une augmentation de la teneur en lipides intramusculaires (Gondret et Hocquette, 2006).

Quel que soit le type de muscle, la teneur en lipides intramusculaires augmente faiblement à partir du sevrage de l'animal, puis plus fortement à partir de 14 semaines d'âge (Gondret et al., 1998). Cette évolution de la teneur en lipides intramusculaires au cours de la croissance post-sevrage résulte principalement d'une accumulation de triglycérides dans les adipocytes intramusculaires, dont le nombre et la taille moyenne augmentent (Gondret et al., 1998).

L'adiposité de la carcasse est déduite de la pesée du tissu adipeux périrénal, qui représente environ la moitié du gras dissécable de la carcasse chez un lapin néo-zélandais de 2,3 kg (Ouhayoun, 1989). Les triglycérides représentent 0,5 -2,8 g/ 100 g de muscle frais chez le lapin (Kumar et al., 1994).

III-3-2- Chez le poulet de chair

Chez les oiseaux, la synthèse des lipides est essentiellement hépatique (Saadoun et Leclercq, 1987 ; Griffin et al 1992). Ainsi, l'état d'engraissement du poulet résulte en grande partie du métabolisme des lipides dans le foie, les tissus adipeux étant surtout des tissus de stockage (Alleman et al., 1999).

Chez des poulets de chair âgés de 41 à 60 jours, 42% des lipides corporels totaux se retrouvent associés à la peau, 24% au squelette, 22% aux viscères dont 15% sont dans la masse de gras abdominal et 8% sont présents dans les muscles (Hakanson et al., 1978 cités par Nir et al., 1988).

Le gras abdominal est fortement corrélé avec la quantité de lipides corporels (Delpech et Ricard, 1965) ; il est ainsi considéré comme un bon indicateur de l'état d'engraissement de la carcasse des poulets de chair.

Les aliments des poulets étant riches en céréales, le surplus énergétique alimentaire (sous forme de glucides) est transformé en acides gras par le processus de la lipogenèse, au niveau essentiellement du foie. Les cellules du tissu adipeux ayant une activité de synthèse réduite. C'est ainsi que le glucose, suite à un certain nombre de réactions enzymatiques, produit du pyruvate. Ce dernier est transformé en acétyl-CoA, qui est l'unité de base dicarbonée nécessaire à la synthèse des acides gras (Mayes, 1989).

L'acétyl-CoA est synthétisé dans la mitochondrie par la décarboxylation oxydative du pyruvate et par l'oxydation des acides gras. Sous forme de citrate, l'acétyl-CoA entre dans le cytoplasme grâce au système transporteur des tricarboxylates et grâce à la citrate lyase ATP-dépendante, ce qui permet de synthétiser à nouveau l'acétyl-CoA (Voet et Voet, 2005).

Pour la synthèse des acides gras, les hépatocytes utilisent l'hydrogène du NADPH, H+ et de l'énergie provenant de l'ATP. Contrairement aux mammifères, les oiseaux synthétisent une plus grande proportion d'acides gras insaturés (Larbier et Leclercq, 1992). Il est classiquement admis que la substitution des glucides par des lipides diminue la synthèse hépatique d'acides gras. Cette modification est attribuée plus à une réduction de l'apport de glucides qu'à l'apparition de lipides dans l'aliment (Hilliard et al., 1980).

III-4- Mécanismes biochimiques intervenant dans la composition en lipides et des tissus

III-4-1- Définition de la lipogenèse

La lipogenèse de *novo* correspond à la biosynthèse des acides gras à partir d'une source de carbone telle que les glucides, les acides aminés ou d'autres acides gras, la nature des précurseurs variant selon le régime et l'espèce (Vernon et al., 1999), puis à leur estérification avec le glycérol et à leur mise en réserve sous forme de triglycérides

La synthèse des lipides a lieu dans la plupart des tissus. Toutefois, le tissu adipeux (porc, bovin) ou le foie (oiseux, lapin, homme) constituent les sites privilégiés de la lipogenèse de *novo* (Gondret, 1997). La lipogenèse englobe les procédés de synthèse des acides gras et subséquemment la synthèse des triglycérides (figure 8).

La conversion de l'acétyl-CoA en malonyl-CoA est la première étape et par là même un site clé de la régulation de la synthèse des acides gras. L'enzyme impliquée, l'acétyl-CoA carboxylase, est régulée par phosphorylation / déphosphorylation (Foufelle et al., 1996) et par modification allostérique (Sparks et Sparks, 1994).

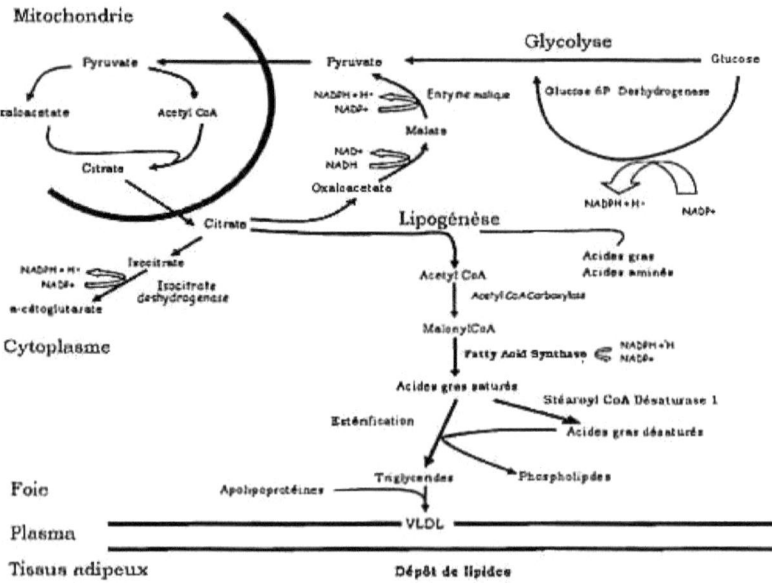

Figure 8 : Les étapes de la lipogenèse hépatique (Mounier, 1994).

Ce phénomène survient lorsque le stockage d'énergie sous forme de glycogène n'est plus possible et que la capacité d'oxydation est dépassée : l'excès de glucides est alors converti en acides gras par la lipogenèse (Schwarz et al., 2003). La biosynthèse des acides gras et des lipides répond à deux impératifs dans la cellule : fournir les acides gras nécessaires à la synthèse des lipides de structure, et mettre en réserve de l'énergie.

Lorsque les aliments sont très riches et excèdent les besoins de l'organisme, les lipides sont stockés dans les tissus adipeux sous forme de triglycérides. La synthèse des acides gras est entièrement cytosolique alors que leur dégradation par β-oxydation est intra-mitochondriale (Zinsoi, 2011).

III-4-2- Enzymes de la lipogenèse

Le processus de la lipogenèse débute donc par une réaction limitante, catalysée par l'acétyl-CoA carboxylase (ACC), sous contrôle hormonal. Cette enzyme effectue la carboxylation ATP-dépendante de l'acétyl-CoA en malonyl-CoA par l'entremise de son groupement prosthétique, la biotine (figure 9).

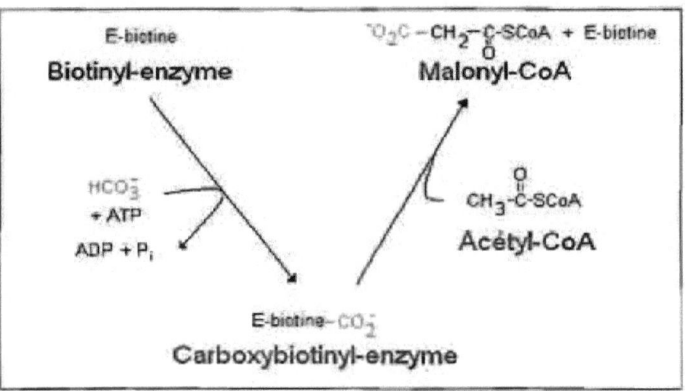

Figure 9 : **Biosynthèse du malonyl-CoA par l'ACC (Voet et Voet, 2005).**

Dans la deuxième étape, les acides gras sont synthétisés par l'action de l'acide gras synthase (ou fatty acid synthase (FAS) sur le malonyl-CoA et l'acétyl-CoA. La FAS catalyse la formation des acides gras saturés tels que l'acide palmitique (C16:0) et l'acide stéarique (C18:0), et ce, en sept réactions :

Acétyl-CoA + 7 Malonyl-CoA + 14 NADPH + 14 H^+ --------- → Acide palmitique + 8 CoA-SH + 14 $NADP^+$ + 7 CO_2 + 6 H_2O

A signaler que la biosynthèse des acides gras nécessite donc également la présence de NADPH, donneur de d'hydrogène, qui intervient dans les étapes ultimes de la formation du palmitate. L'enzyme malique (EM, enzyme catalysant la transformation du malate en pyruvate) et la glucose- 6-phosphate déshydrogénase (G6PDH, enzyme impliquée dans le cycle des hexoses monophosphates) réduisent le NADP sous la forme NADPH, co-facteur indispensable et souvent limitant dans la synthèse et l'allongement des chaînes des acides gras (Mourot et al., 1995 ; Mourot et al., 1999).

La contribution relative de ces deux enzymes à la biosynthèse des AG varie selon les tissus, l'état nutritionnel, l'espèce et la souche (Gondret, 1997). Les acides gras saturés ainsi formés peuvent, pour certains d'entre eux, être désaturés et/ou élongués à l'aide d'enzymes dites désaturases et élongases (figure 10). Chez les mammifères, l'élongation et la désaturation des acides gras saturés se déroulent dans le réticulum endoplasmique.

Les acides linoléique (18 :2 n-6) et alpha-linolénique (18 :3 n-3), précurseurs des séries oméga 6 et oméga 3, sont convertis principalement dans le foie, en acide arachidonique (20:4 n-6) et en acide eicosapentaénoïque (20 : 5 n-3) respectivement par des réactions successives de delta-6 désaturation (delta-6 désaturase), d'élongation (élongases) et de delta-5 désaturation (delta-5 désaturase) (Brenner, 1989 cité par Comte et al., 2003).

La biosynthèse des AGPI dépend de l'apport alimentaire en leurs précurseurs, mais aussi de l'activité des désaturases, enzymes limitantes de cette biosynthèse, qui sont influencées par de nombreux facteurs nutritionnels, hormonaux, physiologiques et géniques (Bézard et al., 1994).

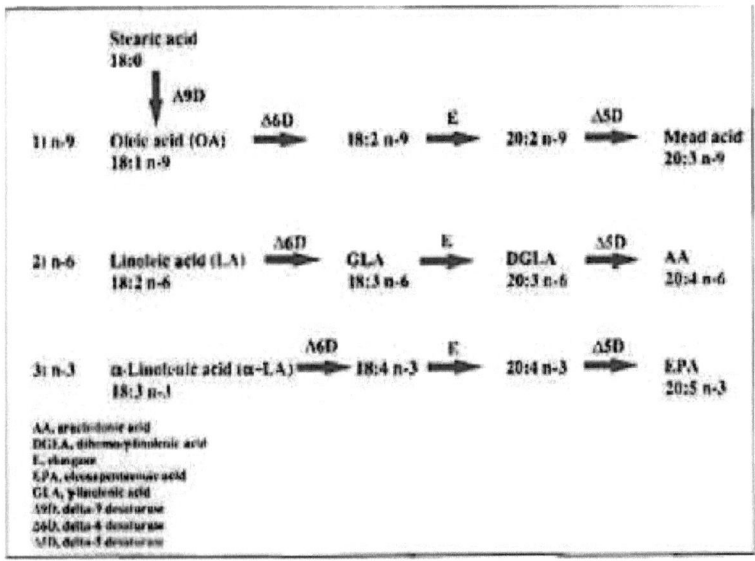

Figure 10 : Voie de désaturation et d'élongation des acides gras polyinsaturés n-3, n-6, n-9 chez les mammifères (Obukowicz et al., 1998).

III-4-2-1- Enzymes élongases

Chez l'Homme et la souris, il existe sept sous-types distincts d'élongases appelés « Elongation of very long-chain fatty acids » : Elovl-1, Elovl-3 et Elovl-4 permettent d'allonger des acides gras saturés ou non, tandis que Elovl-1 et Elovl-6 ne permettent d'allonger que les acides gras monoinsaturés. Elovl-2, Elovl-4 et Elovl-5 sont probablement impliquées dans la synthèse endogène des AGPI. Cependant, Elovl-7 reste à être caractérisée (Jakobsson et al., 2006 ; Wang et al., 2006).

III-4-2-2- Enzymes désaturases

Les désaturases, quant à elles, permettent de synthétiser des acides gras monoinsaturés et polyinsaturés en introduisant une double liaison à divers endroits définis sur une chaîne carbonée. Chez les vertébrés, on retrouve une activité de désaturation à la position Δ-9, Δ-8, Δ-6, Δ-5 et Δ-4 (Beauchamp et al., 2007).

Les désaturases les mieux caractérisées sont les Δ5, Δ6, Δ9-désaturases (Marquardt et al., 2000). Les deux premières jouent un rôle prépondérant dans la synthèse des acides gras polyinsaturés, tandis que la dernière, communément appelée stéaroyl-CoA désaturase (SCD), elle permet de synthétiser des acides gras monoinsaturés (Nakamura et Nara, 2004).

La désaturation d'un AG résulte de l'action d'une désaturase. Les désaturases sont des enzymes du réticulum endoplasmique retrouvées pratiquement dans tous les types cellulaires. Elles ont une grande spécificité de site (par exemple la Δ9-désaturase ne peut introduire une double liaison qu'entre les carbones 9 et 10 d'un AG) mais une faible spécificité de substrat, ce qui implique une certaine compétition de substrat (UMVF, 2011).

Certaines désaturases sont communes aux animaux et aux végétaux (Δ9, Δ6, Δ5, Δ4-désaturase), d'autres sont spécifiques au monde végétal (Δ12 et Δ15 désaturases). Ces 2 désaturases sont à l'origine de deux acides gras essentiels, LA et ALA, précurseurs des deux séries oméga 6 et oméga 3 respectivement (UMVF, 2011).

La distinction entre les différentes désaturases provient du fait qu'elles répondent différemment à certains facteurs hormonaux ou nutritionnels ; de plus, certaines d'entre elles sont absentes dans certains types cellulaires. Ainsi, la delta-6 désaturase est absente chez les félidés (Legrand, 2003).

De même, l'existence d'une Δ-4 désaturase n'a jamais été démontrée directement *in vitro* en présence du substrat ; ainsi, Voss et al. (1991) ont démontré que la synthèse des derniers dérivés des deux familles oméga 6 et oméga 3 était le résultat d'une autre élongation suivie d'une Δ6-désaturation puis d'une β-oxydation partielle peroxysomale.

III-4-2-2-1- Delta 9-désaturase

La delta-9 désaturase ou stéaroyl-CoA désaturase (SCD) est une enzyme hépatique impliquée dans la synthèse des acides gras monoinsaturés. Elle est située au niveau de la membrane du réticulum endoplasmique (Heinemann et Ozols, 2003). Elle désature les acides gras en enlevant les hydrogènes des carbones 9 et 10 et en introduisant une double liaison « cis» entre ces carbones (position delta-9) (Shanklin et Somerville, 1991 ; Ntambi et Miyazaki, 2004). La désaturation catalysée par la SCD-1 est une réaction d'oxydation qui nécessite 1 oxygène et 2 électrons, impliquant aussi d'autres molécules telles que le NAD ou NADP, le cytochrome b5 réductase et le cytochrome b5 (Dobrzyn et Ntambi, 2004).

La SCD-1 est l'enzyme limitante dans la synthèse des acides gras monoinsaturés (AGMI) à partir de substrats spécifiques (Ntambi et al., 2002), soit le palmitate et le stéarate, transformés en palmitoléate et oléate respectivement (figure 11). Cette enzyme n'est active que sur les acides gras à longue et moyenne chaînes : elle n'a aucun effet sur les acides gras à courte chaîne. L'acide oléique (présent en grande quantité dans l'huile d'olive) est le principal produit de cette enzyme.

Il est l'acide gras le plus abondant dans les tissus adipeux des mammifères (Nakamura et Nara, 2004). Quatre isoformes de la SCD existent chez la souris, nommées SCD-1 à 4 (Ntambi et Miyazaki, 2004), alors qu'il en existe que 2 chez l'homme et le rat et 1 chez le poulet (Lefèvre et al., 2001 ; Miyazaki et al., 2004).

La SCD1 est présente dans plusieurs tissus tels que le tissu adipeux blanc, le cerveau, le foie, etc. ; elle est la principale isoforme exprimée dans le foie (Lefèvre et al., 2001), alors que la SCD-2 est retrouvée dans le cerveau et la SCD4 dans le cœur. Les SCD-1 à 3 sont présentes dans la peau.

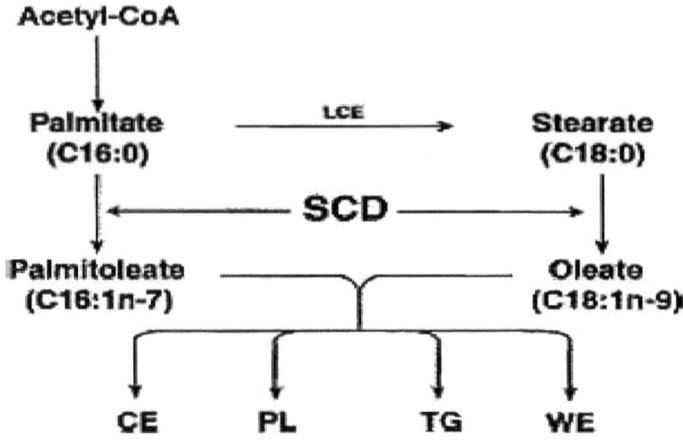

Figure 11 : **Rôle de la stéaroyl-CoA désaturase dans la lipogenèse de *novo* menant à la production de palmitoléate et d'oléate (Storlien et al., 1991).**

* CE : esters de cholestérol ; PL : phospholipides ; TG : triglycérides ; WE : esters de cire.

III-4-2-2-2- Delta 5- et delta 6-désaturases

La voie de biosynthèse, chez l'homme, des AGPI-LC à partir de leurs précurseurs essentiels des séries oméga 6 et oméga 3, respectivement l'acide linoléique (LA) et l'acide alpha-linolénique (ALA) (Descomps, 2003) implique plusieurs enzymes, parmi lesquelles les Δ5- et Δ6-désaturases considérées comme limitantes (Descomps, 2003). Ces désaturases sont codées respectivement par les gènes FADS (Fatty Acid Desaturases 1 et 2), situés sur le chromosome 11 (Alessandri et al., 2009).

Chez la souris, la Δ6-désaturase joue un rôle clé dans la transformation des acides gras essentiels (LA et ALA) en leurs dérivés à longue chaine (Stoffel et al., 2008). Les activités des Δ6 et Δ5-désaturases hépatiques mesurées in vitro sont 10 fois plus élevées chez le rat adulte que chez l'homme (Mimouni et Poisson, 1990).

Chez les mammifères, ces deux enzymes sont transcrites dans de nombreux tissus, dont le foie et le cerveau (Igarashi et al., 2007 ; Extier et al., 2010). En plus de l'effet régulateur majeur des acides gras saturés et polyinsaturés sur l'expression des désaturases, des données indiquent qu'elles sont également sensibles au statut hormonal.

Ainsi, une faible teneur en insuline entraîne une diminution de l'expression ARNm de la Δ6-désaturase hépatique et un traitement à cette hormone la restaure (Brenner, 2003). De même, plusieurs travaux menés chez l'animal, ou sur des modèles *in vitro* ont également suggéré que l'expression et/ou l'activité des Δ5 et Δ6-désaturases sont régulées par les hormones stéroïdes (Childs et al., 2008).

Le précurseur de la série oméga 3, l'acide alpha-linolénique, est majoritairement oxydé en acétyl-CoA par la voie mitochondriale, tandis que seule une fraction minoritaire est convertie en DHA (Alessandri et al., 2009). En effet, chez l'homme comme chez la plupart des espèces animales, l'activité des enzymes Δ5 et Δ6-désaturases est faible puisque le taux de conversion de l'ALA (C18 :3 n-3) en C20 :5 n-3 est de l'ordre de 5 %, alors qu'il n'est que de 0,5 % pour la synthèse du DHA (C22 :6 n-3) à partir d'ALA (Plourde et Cunnane, 2007). (Figure 12).

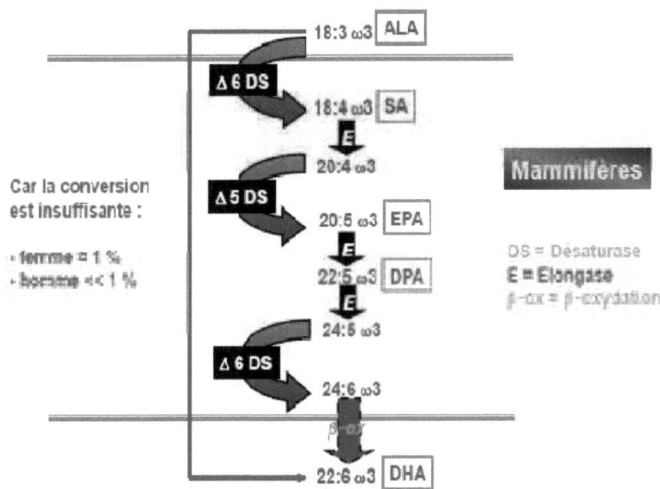

Figure 12 : Conversion d'ALA en DHA (Burdge, 2004).

Vu le taux de conversion faible chez l'homme, il est préconisé d'augmenter les apports en DHA pré-formé dans l'alimentation humaine, d'autant plus que celle-ci est généralement déséquilibrée au détriment des oméga-3. Les différents comités d'experts internationaux préconisent des apports en EPA + DHA variant de 0,05 à 0,72 % des calories ingérées (Alessandri et al., 2009).

III-4-3- Régulation de la lipogenèse
III-4-3-1- Nature des acides gras

La teneur du cerveau et de la rétine en AGPI-LC est relativement constante, et ce, grâce aux mécanismes de la régulation rétroactive. Ainsi, le facteur limitant dans la synthèse des AGPI-LC est la désaturation par le Δ6-désaturase, qui est négativement régulée par les dérivés finaux des AGPI (Nakamura et Nara, 2003). De même, que la Δ5-désaturase est supprimée quand les AGPI-LC sont disponibles (Cho et al., 1999 ; Nakamura et Nara, 2002).

L'activité de la Δ9-désaturase est également inhibée par les AGPI n-6 et n-3 (Ntambi et al., 1996 ; Kouba et al., 2003). Les Δ5 et Δ6-désaturases sont régulées à la fois par des facteurs de transcription de la voie lipogénique tels que sterol-regulatory element binding protein-1c (SREBP1c), et par ceux de la voie oxydative tels que peroxisome proliferator activated-receptor α (PPAR α) (Nakamura et al., 2004).

Pour Gondret (1997), les activités des enzymes de la lipogenèse de *novo* dans le muscle *Longissimus dorsi* ne sont pas influencées par la nature des acides gras alimentaires. A l'inverse, l'introduction de matières grasses riches en acides gras insaturés (acide linoléique) provoque une diminution de la lipogenèse hépatique. De même une diminution de la teneur en lipides intramusculaires a été observée suite à l'ingestion d'un régime riche en acides gras à chaîne moyenne (AGCM).

Ces résultats s'opposent aux données connues chez les monogastriques conventionnels où, au contraire, les AGCM sont connus pour accroître les activités des enzymes lipogéniques via la stimulation des hormones lipogéniques (Bach et al., 1996).

III-4-3-2- Cholestérol

Une quantité importante de cette substance dans l'aliment a un effet stimulateur sur l'activité de la Δ9-désaturase ; l'effet est contraire sur les activités de la Δ5-désaturase et la Δ6-désaturase (Leikin et Brenner, 1988).

III-4-3-3- Insuline

L'insuline active la glycolyse qui fournit le pyruvate, qui sera converti en acétyl-CoA pour la synthèse des acides gras et le glycérol 3-P, nécessaire à la formation des triglycérides. En cas d'excès de glucides, l'hormone stimule, à la fois, la pyruvate déshydrogénase et l'acétyl-CoA carboxylase. Plusieurs travaux menés, chez le rat, ont montré que l'injection d'insuline jouait un rôle avec l'action de SREBP-1c sur les mécanismes de régulation des désaturases, non jusqu'à lors pas élucidés (Nakamura et Nara, 2004).

III-4-3-4- Température

Les rares études menées dans ce cadre ont montré que l'augmentation de la température ambiante interférait sur l'activité des désaturases chez les animaux. Ainsi, l'activité de la Δ9-désaturase se trouve diminuée en ambiance chaude chez le rat (Peluffo et Brenner, 1974) et chez le porc (Kouba et Mourot, 1999). Il en est de même de l'activité de la Δ6-désaturase chez le rat (Peluffo et Brenner, 1974 ; Brenner, 1989).

MATERIEL ET METHODES

Matériel et méthodes

I- Objectifs du travail

Les viandes rouges restant inaccessibles à la majorité de notre population vu leur cherté, l'Algérien se retrouve dans l'obligation de recourir aux viandes blanches pour essayer d'équilibrer, dans la mesure du possible, sa ration alimentaire déficitaire en protéines animales. Le lapin atteint son poids d'abattage à 10 - 12 semaines d'âge.

Il a la capacité de convertir les protéines contenues dans les plantes riches en cellulose, inutilisables par l'homme, en protéines animales de haute valeur biologique. Ainsi, il peut fixer en viande comestible jusqu'à 20 % de protéines alimentaires. Ce chiffre est respectivement de 16 à 18 % chez le porc et de 8 à 12 % chez la vache. Seul le poulet a une capacité de transformation supérieure de 22 à 23 %, mais à partir d'aliments potentiellement consommables par l'Homme, comme le soja, le maïs ou le blé (Lebas et al., 1996). La production de viande de lapin peut donc s'avérer très rentable pour l'Algérie.

Ainsi, pour satisfaire aux besoins en protéines animales d'une population sans cesse croissante, l'Algérie doit donner plus d'importance à ces deux secteurs d'élevage notamment cunicole, qui reste pour le moment assez marginalisé, pour approvisionner le marché local en viande hautement diététique, pour pallier l'insuffisance des viandes rouges dans la ration alimentaire moyenne des consommateurs d'un côté, et fournir un produit de qualité, d'un autre côté.

En Algérie où les viandes sont le privilège de certaines couches de la société, alors la petite quantité consommée par l'ensemble de la population devrait pallier en termes de qualité la quantité qui fait défaut. Le présent travail se veut être alors une contribution à l'étude de cet aspect qualitatif des viandes de lapin et de poulet en vue de répondre aux recommandations alimentaires émanant de différents organismes internationaux de la nutrition et de la santé humaine.

La finalité et l'objectif du secteur de la production animale étant de fournir des produits sains à la consommation humaine, de ce fait, il est plus que nécessaire d'attirer l'attention du consommateur sur le contenu de son assiette. L'influence des paramètres d'élevage des animaux sur la qualité nutritionnelle des produits qui en sont issus, et plus particulièrement l'alimentation, a été largement démontrée et diffusée.

Matériel et méthodes

La synthèse bibliographique en a fait une compilation de certaines données qui ont trait surtout à la fraction lipidique des aliments destinés au bétail sur la composition en AG de la viande. Vu le rôle important des acides gras polyinsaturés, notamment les oméga 3 sur la santé humaine dans le domaine de la prévention de certaines pathologies telles que les maladies cardiovasculaires, certains cancers, etc., les recommandations actuelles préconisent à faire tendre le rapport LA/ALA vers une valeur voisine de 5 ; ce qui est loin d'être le cas aujourd'hui dans presque toutes les populations mondiales.

Sachant la corrélation positive existant entre la nature des matières grasses ingérées par les animaux et la composition en AG de leur carcasse, notamment chez les monogastriques, plusieurs études ont été menées afin d'enrichir les produits carnés en ces AGPI n-3 bénéfiques pour la santé.

Ainsi, les travaux réalisés dans le cadre de cette thèse (les trois premières études sur le lapin et l'étude V sur le poulet ont été réalisées à Rennes, France) répondent à cet objectif de fournir au consommateur une viande davantage pourvue en ces AG, étant donné que la chair du lapin et celle du poulet sont parmi sinon les plus diététiques de toutes. Plusieurs procédures peuvent être adoptées pour augmenter l'apport en ces nutriments, parmi elles donc cette filière viande qui se révèle être un bon vecteur.

Cependant, le souci majeur que pose cet enrichissement en AGPI est leur grande susceptibilité à la peroxydation, d'où la détérioration de la qualité de cette viande et, par conséquent, les produits transformés qui en découlent. Donc en plus de voir l'impact de l'enrichissement du régime en AGPI n-3 sur la composition des différents morceaux de découpe des carcasses des animaux, la peroxydation des lipides a été également abordée dans les différents travaux, de même que la synthèse des acides gras, et ce, à travers l'étude de l'activité des enzymes de la lipogenèse (étude II).

L'étude IV, réalisée à Tizi-Ouzou, a plutôt testé l'effet de l'ajout des huiles, sources de ces AG n-3, dans l'aliment sur les performances du poulet. Dans cette partie du travail, seuls seront abordés les dosages communs pour les études réalisées. Le détail des travaux effectués sera donné dans les parties correspondantes.

II- Analyses chimiques des aliments et de viande des animaux

II-1- Détermination de l'énergie brute

La teneur en énergie brute des aliments est donnée par la méthode à la bombe calorimétrique utilisant le calorimètre C5000 (Ika, Staufen, Allemagne). Le principe du dosage repose sur la mesure de l'élévation de la température provoquée par la combustion de l'échantillon dans l'oxygène, sans perte de chaleur avec l'extérieur.

Le calcul du pouvoir calorifique brut de l'échantillon est permis par cette élévation de température, et ce, en tenant compte de son poids (l'échantillon), de la capacité calorifique du système calorimétrique ainsi que de l'augmentation de la température de l'eau contenue dans la cuve intérieure de la cellule de mesure. L'énergie brute ainsi calculée est exprimée en joules par 100 g d'échantillon sec ou d'échantillon frais si l'on considère la teneur en eau de cet échantillon.

II-2- Dosage des protéines totales

La méthode utilisée pour quantifier les protéines de l'aliment est la méthode de combustion de Dumas (1831) cité par AOAC (1990).

a- Principe

La teneur en azote total est déterminée par voie sèche sur auto-analyseur LECO. Elle se déroule en deux étapes : combustion et analyse, sans utilisation de produits corrosifs.

b- Mode opératoire

b1- Combustion

L'échantillon, pesé et encapsulé dans une feuille d'étain, est pyrolysé très rapidement dans un four chauffé à 950°C en présence d'oxygène pur. Les gaz de combustion (CO_2, H_2O, O_2 et N_2) sont collectés et homogénéisés dans un ballast, après passage sur un condensateur thermoélectrique. Le carbone et l'oxygène sont oxydés sous forme de gaz carbonique et d'eau, qui sont respectivement piégés par du lésocorb et de l'anydrone.

b2- Analyse

L'azote contenu dans l'échantillon est mesuré par une conductivité thermique : il est poussé par l'hélium vers un détecteur, le catharomètre, où est effectuée une mesure différentielle entre un élément placé dans une cavité balayée par le gaz vecteur pur, l'hélium, et un élément placé dans une autre cavité reliée à la sortie d'une colonne chromatographique. Ces deux éléments sont placés dans un pont de Wheatstone.

Le détecteur mesure la différence entre la conductivité thermique de l'hélium pur et celle du gaz hélium + azote, ce qui permet de définir la teneur en azote ou en protéines (azote x 6,25) de l'échantillon. Elle est donnée directement par l'appareil en g d'azote pour 100 g d'échantillon.

II-3- Extraction des lipides totaux

a- Principe

Les lipides totaux des échantillons sont extraits selon la méthode de Folch (1957), qui utilise un mélange de solvants (chloroforme + méthanol) dans un rapport 1V / 1/2V (réactif de Folch). Cette extraction s'effectue par séparation de phases : la phase inférieure (chloroforme + lipides) et la phase supérieure (méthanol + eau). Le filtrat obtenu est évaporé et la quantité de lipides mis à sec est pesée.

b- Mode opératoire

L'échantillon est broyé en présence de 60 ml du réactif de Folch. Le broyat ainsi obtenu est filtré sous vide sur verre fritté. Le filtrat est ensuite versé dans une ampoule à décanter, on y ajoute 22,5 ml d'une solution acqueuse de NaCl à 0,73%. On agite et on laisse décanter deux heures environ. La phase inférieure est soutirée puis filtrée sur du sulfate de sodium anhydre (chauffé à 80°C) et récupérée dans un ballon préalablement pesé.

La phase supérieure (méthanol + eau + lipides résiduels), restée dans l'ampoule, est rincée avec une solution contenant 20% de NaCl à 0,58% + 80% de réactif de Folch. Après agitation, on laisse décanter à nouveau environ ¼ d'heure. La phase inférieure (chloroforme + lipides résiduels) est ainsi récupérée et ajoutée au premier filtrat.

Matériel et méthodes

Le chloroforme est ensuite évaporé sur une colonne à distiller sous vide. Il ne reste alors dans les ballons que les lipides mis à sec. L'équation suivante donne le taux des lipides totaux (LT) extraits :

% LT = (Poids ballon plein – poids ballon vide) x 100 / poids de l'échantillon.

II-4- Dosage des lipides neutres et polaires

L'utilisation des colonnes SEP-PAK (Waters Corporation, Milford, USA) selon la méthode décrite par Juaneda et Rocquelin (1985) permet de séparer les lipides neutres des polaires. 80 mg d'extraits lipidiques sont rincés dans 500 µl de chloroforme, puis introduits dans la cartouche de silice. Un volume de 30 ml d'un premier solvant A (92 ml d'éther de pétrole + 8 ml d'éther diéthylénique) est, à son tour, introduit dans la même cartouche, le contenu de cette dernière est ensuite filtré sous un léger vide.

La fraction des lipides non polaires est ainsi entraînée par ce mélange et recueillie dans un ballon taré. Pour la récupération des lipides polaires, 30 ml de méthanol sont introduits dans la même cartouche ayant servi à récupérer les lipides neutres. Un deuxième ballon taré pour le même échantillon permet de recueillir cette part lipidique après filtration.

II-5- Détermination du profil en acides gras

II-5-1- Préparation des esters méthyliques (Morisson et Smith, 1964)

C'est l'étape qui précède le passage à la chromatographie en phase gazeuse (CPG). Elle consiste à ajouter des groupements méthyles aux chaînes carbonées des acides gras. Leur volatilité devient ainsi plus importante, il en est de même pour la sensibilité et la rapidité de la chromatographie.

Environ 15 mg de lipides totaux extraits sont saponifiés à chaud (70°C) pendant 15 minutes dans 1 ml de solution méthanolique de soude (NaOH, 0,5 N). 500 µl d'acide margarique (C17 : 0) qui sert d'étalon y sont ajoutés. Les acides gras ainsi saponifiés sont convertis en esters méthyliques au cours d'une méthylation (15 minutes à 70° C) dont le catalyseur est le trifluorure de Bore (BF_3).

A la fin de cette étape, 2 ml de pentane sont ajoutés puis 6 ml d'eau osmosée, qui permet d'extraire les acides gras méthylés. Après agitation au vortex et un temps de décantation (15 minutes environ), la phase supérieure (pentane + esters méthyliques) est recueillie avec une pipette dans un pilulier annoté avant passage en chromatographie. Si la lecture n'est pas immédiate, les échantillons sont conservés à -20°C.

II-5-2- Analyse chromatographique

Les esters méthyliques d'acides gras sont analysés par le chromatographe Perkin Elmer Autosystem XL. Cet appareil est équipé d'un détecteur à ionisation de flamme (air hydrogène) et muni d'un passeur automatique d'échantillons, et d'une colonne capillaire polaire en silice (longueur de 30 mètres et diamètre de 0,25 mm ; Supelco) avec une phase stationnaire de 80% de biscyanopropyl et 20% de cyanopropylphényl siloxane.

L'échantillon liquide d'acides gras est injecté dans la colonne à l'état vaporisé (la température de l'injection est de 220°C. La température de la colonne s'élève par des plateaux ($T°_1$: 45°C ; $T°_2$: 195°C ; $T°_3$: 220°C ; $T°_4$: 240°C) suivie d'un programme de refroidissement. La durée totale d'analyse est de 22 minutes. Les acides gras sont brûlés dans la flamme du détecteur (T° = 240°C). Les signaux émis à la sortie des AG sont enregistrés sous forme de pics qui constituent le chromatogramme.

Le temps de rétention permet d'identifier les acides gras extraits et la quantité de chaque AG est calculée en référence à l'étalon interne, qui est le C17 : 0 (c'est lui qui permet la quantification des AG). Les acides gras sont exprimés en pourcentage des AG identifiés et en milligrammes par 100 grammes de tissus.

II-6- Peroxydation des lipides (Modification de Kornbrust et Mavis, 1980)

C'est une méthode quantitative dont le but est de mesurer l'indice de peroxydation des acides gras dans un milieu.

II-6-1- Principe

La sensibilité du tissu est déterminée par l'induction et le niveau de la peroxydation à l'aide de 2-thiobarbituric acid reactive substances (TBARS). Les acides gras peroxydent en présence de malate avec comme activateur le sulfate de fer et comme antioxydant l'acide ascorbique.

Matériel et méthodes

A temps T donné, la réaction est arrêtée par ajout de 2 ml d'un mélange TBA-TCA-HCL, qui précipite également les protéines. La coloration en rose du milieu réactionnel est due à la formation de peroxydes d'hydrogène (H_2O_2) dont l'intensité est fonction du temps d'incubation.

IV-6-2- Mode opératoire

Un gramme de tissu est homogénéisé dans 9 ml de KCL (1,15%). 100 µl d'homogénat sont ensuite prélevés et aliquotés à 37°C dans 500 µl de tampon Tris-malate (80 mM) avec 200 µl (5 mM) de $FeSO_4$ (pour catalyser la peroxydation des lipides) et 200 µl d'acide ascorbique (2 mM) dans un volume final de 1 ml.

Après incubation pendant un temps fixe (0, 60, 120, 200 et 300 minutes), des aliquots sont prélevés pour la mesure des TBARS en y ajoutant 2 ml du mélange TBA-TCA-HCL. Après homogénéisation, le milieu réactionnel est chauffé dans de l'eau bouillante pendant 15 minutes. Après centrifugation (3 000 g, 15 min) de la solution, se fait alors la lecture de l'absorbance au spectrophotomètre.

- **Lecture au spectrophotomètre**

Un blanc (contenant tous les réactifs mais sans l'homogénat) est nécessaire pour la lecture de l'absorbance. En effet, l'absorbance des échantillons est déterminée à 535 nm par rapport à l'absorbance du blanc.

Remarque : Le dosage des protéines se fait sur le reste du surnageant.

- **Calculs**

Les résultats obtenus sont exprimés en nanomoles de malondialdéhyde (MDA) / g de tissu à 0, 60, 120, 200 et 300 minutes ou en nanomoles de malondialaldéhyde (MDA) / mg de protéines :

MDA (nmol/mg protéines) = (6,4102 xVxA x 1000)/[100 x Protéines (mg/ml)]

Où : 6,4102 est le coefficient molaire d'extinction du malondialdéhyde (MDA).
V : volume total du tube (3 ml).
A : absorbance ou densité optique (DO).

Matériel et méthodes

II-7- Etude enzymatique

II-7-1- Mesures des enzymes de la lipogenèse

Plusieurs enzymes sont impliquées directement ou indirectement dans la synthèse de *novo* des acides gras. Parmi celles-ci, nous avons choisi d'étudier l'activité de trois d'entre elles : enzyme malique (EM), glucose 6-phosphate déshydrogénase (G6PDH), fatty acid synthase (FAS) et la delta-9 désaturase.

II-7-1-1- Préparation des surnageants

Le même surnageant, obtenu par le broyage de tissus (0,5 g de tissu adipeux, 0,5 g de foie et 1 g de muscle) dans 2,5 ml de saccharose 0,25 M, est utilisé pour l'étude de ces enzymes, qui sont essentiellement cytoplasmiques.

Les homogénats obtenus sont ensuite centrifugés pendant 40 minutes à 30 000 g à 4°C. Les surnageants ainsi obtenus sont prélevés puis conservés dans de la glace en attendant le dosage des différentes activités enzymatiques.

II-7-1-2- Mesure de l'activité de l'enzyme malique (EM) et de la glucose-6-phosphate déshydrogénase (G6PDH)

a- Principe

Les deux enzymes catalysent respectivement les deux réactions suivantes :

Malate + NADP $\longrightarrow$ pyruvate + CO_2 + NADPH, H^+

Glucose-6-P + NADP $\longrightarrow$ 6-P-gluconolactone + NADPH, H^+

L'activité de ces deux enzymes est déterminée par la modification de Gandemer et al. (1983) de la méthode de Hsu et Hardy (1969) pour l'EM et de Fitch et al. (1959) pour la G6PDH. Ces deux méthodes se basent sur la mesure de l'apparition du NADPH par spectrophotométrie à 340 nm. Vu leur grande similitude, les deux techniques seront exposées en parallèle.

b- Solutions et réactifs

L'ensemble des produits et solutions utilisés lors de ces dosages est donné en annexe 1.

c- Dosage

Pour chaque échantillon et pour chacune des deux enzymes, un blanc et un essai sont effectués. La composition du milieu réactionnel est donnée en annexe 2. La réaction est déclenchée par ajout du surnageant (100 µl) dans le cas de l'enzyme malique, et du NADP dans le cas de la G6DPH.

Après agitation, le contenu des tubes est transvasé dans des cuves, qui sont placées dans à 37°C dans un spectrophotomètre (Shimadzu UV 240). L'apparition du NADPH est mesurée toutes les 30 secondes, et ce, pendant 4 minutes à la longueur d'onde de 340 nm.

Les activités des deux enzymes sont exprimées en nanomoles de NADPH formé par minute et par gramme de tissu ou par minute et par milligramme de protéines.

d- Calculs

Les activités des deux enzymes sont données par la formule suivante et exprimées en nanomoles de NADPH formé par minute et par gramme de tissu ou par minute et par milligramme de protéines.

$$A = \frac{DO}{T \times e \times l} \times \frac{D}{v} \times V$$

Où :

A : activité spécifique de l'enzyme exprimée en nanomoles de NADPH formé/ minute/g de tissu ou par minute et par mg de protéines.

DO : densité optique.
D : coefficient de dilution du tissu (voir ACX) exprimé en ml/g de tissu.
T : temps d'incubation en minutes.
l : trajet optique.
e : coefficient d'absorption de NADPH, égal à 6,2 ml $(\mu mol)^{-1}$ cm^{-1}.
V : volume total du milieu réactionnel en ml.
v : volume total du surnageant en ml.

Matériel et méthodes

II-7-1-3- Mesure de l'activité de la fatty acid synthase (FAS)

a- Principe

Ce dosage est réalisé selon la méthode de Bazin et Ferré (2001) et Lavau et al. (1982), qui mesure la disparition du NADPH par spectrophotométrie à 340 nm. Ce complexe enzymatique (7 sous-unités catalysant 6 cycles de réactions successives) conduit à la formation d'acide palmitique à partir de malonyl-CoA et d'acétyl-CoA en présence de NADPH :

Acétyl-CoA + 7 malonyl-CoA + NADPH + 14 H+ → Acide palmitique + 7 CO_2 + 8 CoASH + 6 H_2O + 14 NADP+

b- Solutions et réactifs

Les réactifs utilisés et les solutions préparées sont donnés en annexe 3.

c- Mode opératoire

Le même surnageant utilisé pour les deux précédents dosages sert pour déterminer également l'activité de cette enzyme. Cependant, la quantité prise est variable selon la nature du tissu étudié (100 à 150 µl pour le muscle, 100 µl pour le tissu adipeux et 50 µl pour le foie).

Le choix de cette quantité est fait de façon à observer une décroissance linéaire de l'absorbance pendant quelques minutes. Les solutions A et B sont ajoutées au surnageant et la lecture se fait toujours face à un blanc (eau à la place de la solution B), comme indiqué dans le tableau 9.

Tableau 9 : Préparation des cuves pour la mesure de l'activité de la FAS

	Cuve « échantillon »	Cuve « blanc »
Solution A	1 ml	1 ml
Surnageant	50 à 200 µl	50 à 200 µl
Eau	0 µl	100 µl
Pré-incuber les cuves 10 minutes à 37°C au bain-marie Ajouter :		
Solution B	100 µl	0 µl

La lecture se fait immédiatement après ajout de la solution B. La mesure de la DO des deux cuves se fait toutes les 60 secondes à 340 nm.

d- Calculs et expressions

Les valeurs de ΔDO (DO échantillon – DO blanc) sont reportées sur un graphique et la pente de la droite est ainsi calculée. La pente étant égale à V0/min. L'activité de la FAS (en nmol/min/ml surnageant) est déterminée selon la formule suivante :

Activité FAS =
(V0/min x1000xvolume total de la cuve (ml)x1000)/(Prise essai (µl) x 6,3)

Où 6,3 : coefficient d'extinction molaire du NADPH en ml/µmol/cm.

L'activité est ensuite exprimée en mg de protéines ou en gramme de tissu.

II-7-1-4- Mesure de delta-9 désaturase (SCD)

Le dosage de l'activité de la Δ9-désaturase (SCD) est réalisé selon la méthode décrite par D'Andrea et al. (2002). Trois grammes de tissus sont homogénéisés au potter dans 4 ml de tampon saccharose 0,25 M. L'homogénat est centrifugé à 8000 g pendant 30 min à 4°C. La phase supérieure obtenue est à son tour centrifugée à 8000 g pendant 30 min à 4°C.

Le surnageant recueilli est dilué au quart dans du tampon phosphate 150 mM contenant 6 mM $MgCl_2$; 7,2 mM ATP ; 0,54 mM CoA et 0,8 mM NADH. La réaction débute par l'addition de 60 nmol de [1-^{14}C] C18:0 (40-60 mCi/mmol. La réaction est stoppée avec 1 ml de KOH 2 M en solution éthanolique après 1 h d'incubation à 37°C.

La saponification des acides gras est menée à 70°C pendant 30 minutes. Les savons obtenus sont acidifiés par l'ajout d'HCl 3 M et extraits par du diéthyléther. L'ajout de bromoacétonaphthone, de triéthylamine et d'acide acétique va permettre d'obtenir des naphthacyl-éthers d'acides gras qui seront séparés par HPLC selon la méthode décrite par Rioux et al. (2000).

La radioactivité des fractions recueillies est estimée au compteur β. Elle consiste en la différence entre la radioactivité du produit de désaturation et la radioactivité totale (produit et substrat). Le pourcentage de conversion du substrat en son produit de désaturation est ainsi calculé.

II-7-2- Mesure de l'activité de la β-hydroxyacyl-Coenzyme A déshydrogénase (HAD)

Cette activité est mesurée par la méthode décrite par Bass et al. (1969). Deux voies métaboliques principales (la voie glycolytique et la voie oxydative) fournissent l'énergie nécessaire à la contraction des fibres musculaires. La première voie transforme le glycogène en acide lactique (glycolyse) sans consommation d'oxygène, et la deuxième produit de l'énergie à partir du glycogène, des acides gras et de certains acides aminés, en consommant de l'oxygène.

Dans un muscle, la contribution relative des deux voies à fournir de l'énergie peut être évaluée en mesurant le potentiel d'activité de leurs enzymes spécifiques. Ainsi, la β-oxydation des acides gras dans la matrice mitochondriale est catalysée par la β- hydroxyacyl-Coenzyme A et aboutit à la formation d'acétyl-CoA, qui va alimenter le cycle de Krebs. L'activité de la β-hydroxyacyl-Coenzyme A déshydrogénase (HAD) est ainsi un marqueur de la voie oxydative.

a- Principe

Le principe consiste à fournir de l'acétoacétyl-CoA en excès et à suivre la disparition spectrophotométriquement à 340 nm à 30°C toutes les 25 secondes pendant 5 minutes.

$$CoAS\text{-}CO\text{-}CH_2\text{-}CHOH\text{-}R + NAD^+ \longrightarrow CoAS\text{-}CO\text{-}CH_2\text{-}CO\text{-}R + NADH, H^+$$

    L- β-hydroxyacyl-CoA   β-acétoacyl-CoA

b- Préparation et broyage des échantillons de muscles

Après abattage de l'animal, le prélèvement est effectué et le tissu est découpé en petits morceaux puis mis dans de l'azote liquide. Les morceaux ainsi congelés sont conservés dans des cryotubes à -80°C jusqu'au moment du dosage.

-Peser 200 mg de muscle congelé et garder dans de l'azote liquide. L'échantillon est ensuite broyé dans de la glace pilée en présence de 5 ml de tampon de broyage.

-Le volume du tampon est ajusté alors dans les tubes pour avoir une dilution au 1/50 de l'échantillon (on ajoute 49 fois la masse de l'échantillon

Matériel et méthodes

en volume tampon). Les échantillons sont sonifiés pendant 1 mn à une puissance de 50 hertz (la sonification permet de casser les membranes mitochondriales et de libérer ainsi les constituants des mitochondries).

-Ensuite, ils sont centrifugés pendant 10 à 15 mn à 1 500 g à 4°C.

Les surnageants sont alors recueillis dans des tubes de 10 ml dans de la glace pilée. L'activité de la HAD est mesurée dans la journée.

c- Solutions et réactifs

Les réactifs et les solutions pour le dosage de l'activité de la HAD sont donnés en annexe 4.

d- Mode opératoire

-Les échantillons sont traités en double.

-L'ordinateur et l'appareil, le COBAS, sont allumés quelque temps avant le début du dosage. La température de ce dernier doit être alors de 30 °C.

-Vérifier le programme de dosage de la HAD sur le COBAS en y introduisant le facteur de dilution des échantillons (dilution 50).

-Les solutions réactives 1 et 2 sont placées dans des godets prévus à cet effet et prélevées automatiquement par l'appareil.

-Vortexer et mettre environ 200 µl d'échantillon dans des cupules pour le dosage. Les échantillons restés dans la glace, doivent être rajoutés au fur et à mesure du dosage.

-Rentrer les demandes de dosage au fur et à mesure sur le COBAS.

L'appareil prélève 125 µl de solution 2 et 15 µl d'échantillon qu'il dépose dans les cuves de lecture. Il déclenche la réaction en ajoutant 50 µl de solution 2 (substrat).

Les densités optiques sont lues toutes les 20 secondes pendant 5 minutes.

e- Calculs et expressions

Activité HAD (µmoles de substrats disparu/mn/ml de surnageant) = (ΔDO x Vt)/(εNADH x L x Vsurn x t)

Matériel et méthodes

Où :

- ΔDO : pente de la cinétique réactionnelle (courbe ΔDO = f (temps en minutes)).
- Vt : volume total dans la cuve en ml.
- εNADH : coefficient d'extinction molaire du NADH = 6,22. 10^3 l/mol/cm =
  6,22 ml/µmol/cm.
- L : épaisseur de la cuve en cm.
- Vsurn : volume de surnageant en ml.

1 unité d'activité correspond à 1 µmole de NADH disparue par minute et par g de tissu. Pour avoir l'activité par g de tissu, il suffit de multiplier par 50.

Activité HAD (µmoles de substrat disparu/mn/g de tissu) =

Activité HAD (µmoles de substrat disparu/mn/ml de surnageant x 50)

Activité HAD (µmoles de substrat disparu/mn/g de tissu =

(ΔDO x Vt x 50)/(εNADH x L x Vsurn x t)

Dans nos conditions :
- Vt = 15 µl surnageant + 125 µl solution 1 + 50 µl solution 2 = 190 µl = 190.10^{-3} ml.
- Vsurn = 15 µl = 15.10^{-3} ml.
- εNADH = 6,22 ml/µmol/cm.
- L = 0,6 cm.

Activité HAD (µmoles de substrat disparu/mn/g de tissu) =

(ΔDO/t) x 3,3941 x 50

Parfois, le surnageant est dilué, il faut donc tenir compte de cette dilution.

Activité HAD en µmoles de substrat disparu/mn/g de tissu =

(ΔDO/t) x 3,3941 x 50 x D

Par commodité, on fait rentrer un facteur F dans le COBAS correspondant à :

F = 3,3941 x 50 x D

En multipliant la pente de la cinétique réactionnelle par F, le COBAS fournit directement l'activité enzymatique en µmoles de substrat disparu/minute/g de tissu.

II-8- Dosage du cholestérol

Le cholestérol est dosé selon la méthode Liebermann (1885) – Burchard (1890).

II-8-1- Principe

Le dosage consiste à faire réagir la fonction alcool de cholestérol sur un extrait chloroformique auquel sont ajoutés de l'anhydride acétique et de l'acide sulfurique (catalyseur de la réaction). C'est une réaction colorée spécifique des 3 β-hydroxy-stéroïdes ayant une double liaison en 5-6.

La quantité de cholestérol est proportionnelle à l'intensité de la couleur. Les résultats des différents échantillons sont comparés à celui de la courbe étalon établie. La lecture au spectrophotomètre est faite à une longueur d'onde de 680 nm.

II-8-2- Mode opératoire

Le dosage se fait sur les lipides extraits par la méthode de Folch et conservés à -20°C.

a- Préparation de la gamme étalon

15 mg de cholestérol q.s.p. 15 ml sont nécessaires pour réaliser une gamme étalon à partir d'une solution de 1mg/ml de cholestérol. Les différentes concentrations sont faites en double. Après avoir vortexé, les

tubes sont laissés sous la hotte à l'obscurité pendant 30 mn. A l'issue de ce temps, la mesure de l'absorbance se fait au spectrophotomètre à 680 nm.

b- Préparation des échantillons

Un poids (mg) d'extraits lipidiques est pesé dans des tubes. La pesée se faisant en double. La quantité prise est calculée de façon à ce que le résultat entre dans la gamme étalon.

Le même traitement que la gamme étalon leur est appliqué (voir annexe 5).

c- Calculs

Une courbe étalon est tracée, puis la concentration en cholestérol des échantillons est calculée en mg/100 ml de solution puis par gramme de tissu. L'équation de la droite d'étalonnage nous permet d'avoir la concentration en cholestérol de l'échantillon :

$$\text{Concentration (mg/ml)} = DO / a \text{ (coefficient)}$$

Concentration (mg/100 g de tissu) = [((DO / a) x 9) x 1000] / mg lipides x lipides totaux

Où : a : coefficient de la droite.

9 : volume total du tube en ml.

1000 : pour calculer dans 1 g de lipides totaux par rapport à la masse pesée en mg.

RESULTATS ET DISCUSSION

1ère PARTIE : **LE LAPIN**

ETUDE I

Effets d'un régime à base de graines de lin extrudées sur la composition en acides gras des muscles, du gras périrénal et des viandes crue et cuite du lapin et sur la peroxydation des lipides

Etude I

I-Introduction

Bien que le lapin soit considéré de plus en plus comme un animal de compagnie que de rente, et ce, dans beaucoup de sociétés particulièrement occidentales, à l'image des pays anglo-saxons (Chantry-Darmon, 2005), il n'en demeure pas moins que c'est un animal à intérêt économique indéniable, avec la production de viande, de fourrure et de laine.

Sa viande constitue une source de protéines animales non négligeable pour les pays non industrialisés (Lebas et Colin, 1992). Cependant, en Algérie, malgré la mise en place par l'Etat de nombreux programmes de développement des productions animales, particulièrement des petits élevages (aviculture et cuniculture) pour diversifier, d'une part, les productions, et d'autre part, répondre aux besoins d'une population sans cesse croissante en protéines animales, la production cunicole reste encore marginale.

En effet, contrairement aux autres types de viande, et confrontée à l'indifférence des consommateurs, la viande de lapin peine à trouver sa place sur le marché. Les habitudes alimentaires très ancrées font qu'un grand nombre de consommateurs lui préfèrent les viandes rouges et celle des volailles.

En Algérie, la participation de l'élevage cunicole à la production animale nationale reste très faible avec une production annuelle de viande de lapin de seulement 27 000 tonnes, pour une consommation moyenne par habitant et par an de 0,87 kg, selon Lebas et Colin (2000). Alors que la consommation moyenne annuelle mondiale est de 280 g/habitant, avec des variations très importantes entre pays : de 30 g/hab/an au Japon à 8,8 kg/hab/an à Malte (Huybens, 2007).

Malgré les nombreuses caractéristiques nutritionnelles très intéressantes qu'elle possède, la viande de lapin reste mal connue des consommateurs. Or, dans leur quête d'aliments intéressants pour leur santé, ces derniers devraient s'intéresser à cette chair, qui renferme de nombreux atouts nutritionnels puisqu'elle est une excellente source de vitamines (particulièrement B3 et B12), de minéraux et d'oligoéléments (phosphore, potassium et sélénium) et de protéines de haute valeur biologique.

De même, consommer de la viande de lapin c'est aussi consommer des acides gras oméga 3, dont de nombreux travaux vantent les mérites dans la prévention de nombreuses pathologies chez l'homme, particulièrement les maladies cardiovasculaires. Etant particulièrement bien pourvue en AGPI n-3, cette viande contribue d'une part, à augmenter la teneur en acides gras oméga 3 et, d'autre part, à diminuer le ratio oméga 6/oméga 3 de notre alimentation.

Ainsi, consommer cette chair répondrait favorablement aux Apports Nutritionnels Conseillés (ANC, 2001), qui soulignent la nécessité d'accroître la consommation des acides gras oméga 3 et de faire tendre le rapport oméga 6/oméga 3 vers 5, alors qu'il varie en réalité de 15 à 30 dans de nombreuses sociétés.

Ces recommandations pour diminuer le ratio AG n-6 /AG n-3 peuvent être satisfaites en distribuant aux animaux des régimes bien pourvus en ces AGPI n-3 (Leskanich et Noble, 1997 ; Wood et al., 2003 ; Kouba, 2006). En effet, ce rapport varie fortement en fonction du régime alimentaire des animaux, car la nature des lipides ingérés influence la composition lipidique des tissus et conditionne en partie leur qualité particulièrement chez les monogastriques (Mourot et Hermier, 2001 ; Gigaud et Le Cren, 2006).

La grande partie des travaux réalisés l'ont été chez le porc (Enser et al., 2000 ; Matthews et al., 2000 ; Kouba et al., 2003 ; Guillevic et al., 2009a) et chez le poulet (Chanmugam et al., 1992 ; Lopez-Ferrer et al., 1999a ; Lopez-Ferrer et al., 2001 ; Crespo & Esteve-Garcia, 2002). Alors que chez le lapin, peu de travaux ont été effectués pour voir l'impact de cet enrichissement en oméga 3 sur la qualité de la viande (Bernardini et al., 1999 ; Dalle Zotte, 2002 ; Dal Bosco et al., 2004), vu la part marginale qu'occupe celle-ci dans la consommation globale des populations aussi bien en Occident (1,5 kg/hab/an en France en 2002) (Magdelaine, 2003) qu'ailleurs.

A signaler que le régime alimentaire des lapins est constitué souvent de matières premières riches en AG n-3 telles que la luzerne, ce qui engendre une bonne corrélation entre ALA ingéré et celui déposé dans la viande (Castellini et al., 1999) ; ce qui fait de celle-ci la plus riche en cet acide gras comparativement aux autres types de viandes (Dalle Zotte, 2004).

Introduire le précurseur de cette série d'AG, l'acide α-linolénique, dans le régime du lapin est aussi un moyen d'augmenter dans la viande ses dérivés à longue chaîne tels que notamment l'acide eicosapentaénoïque (EPA ; $C20:5$ n-3), puisque concernant l'acide docosahexaénoïque (DHA ; $C22:6$ n-3), sa teneur restant presque inchangée surtout chez cet animal vu le faible taux de conversion d'ALA en ce dérivé (Alessandri et al., 1998).

Dans cette étude, on a également voulu savoir l'impact de la cuisson sur la qualité de cette viande enrichie en AG n-3, puisque ce procédé favorise la pro-oxydation (Lee et al., 2005), et il est bien connu que la peroxydation des lipides est souvent associée aux pathologies cardiovasculaires chez l'homme (Lopez-Bote, 1997a ,b). La susceptibilité à la peroxydation des AGPI est grande ; de ce fait, il est important de connaître l'impact de la cuisson sur la qualité de cette chair.

A signaler que toutes les études faites dans ce cadre l'ont été chez d'autres espèces animales telles que le poulet (Lopez-Ferrer et al., 1999b ; Lee et al., 2005) et chez le porc (Guillevic et al., 2009a), alors que chez le lapin, cet aspect n'a pas été abordé avant.

L'objectif de ce travail était de voir l'effet de l'enrichissement du régime en graines de lin extrudées, source d'AG n-3, sur le dépôt de ceux-ci dans les différents tissus analysés et sur la composition en AG de la viande cuite par rapport à la viande crue.

II- Matériel et méthodes

II-1- Régimes alimentaires

Les régimes distribués aux animaux proviennent de Cecab Aliment. Les deux aliments (témoin et expérimental) sont isoprotéiques (18 %), isoénergétiques (3 970 kcal) et isolipidiques (4,6 %), contenant 30 mg de vitamine E/ kg d'aliment.

Les deux groupes sont nourris ad libitum pour le lot témoin avec un régime standard, et pour le lot essai avec un aliment contenant 60 g de Tradi-Lin®/kg (l'équivalent de 30 g de graines de lin extrudées). La composition chimique des régimes distribués est donnée dans le tableau 10.

Etude I

Tableau 10 : Composition chimique des aliments distribués aux animaux des deux lots

	Aliment témoin	Aliment lin
Ingrédients (g/kg)		
Son de blé	280	280
Foin d'alfalfa	200	200
Tourteau de tournesol	150	150
Pulpe de betterave sucrière	100	100
Lapilest® a	65	65
Croquelin® b	/	60
Blé	50	50
Mélasse de la canne à sucre	45	45
Huile végétale	10	10
Pois	30	/
Tourteau de colza	30	/
Complexe minéralo-vitaminique	40	40
Vitamine E (mg/kg)	30	30
Composition chimique		
Energie brute (Kcal/kg)	3970	3970
Cellulose (g/kg)	140	140
Protéines brutes (g/kg)	177	178
Matières grasses (g/kg)	46	46
Composition en acides gras (en % des AG totaux)		
C14:0	0,67	0,67
C14:1	0,15	0,14
C16:0	28,07	17,69
C16:1 n-7	0,52	0,54
C18:0	3,64	4,33
C18:1 n-9	27,98	22,64
C18:2 n-6	32,30	35,46
C18:3 n-3	5,66	17,35
ΣAGS	32,76	23,30
ΣAGMI	29,10	23,76
ΣAGPI	38,14	52,95
Σn-6/Σn-3	5,71	2,04

a : Mélange d'aliments avec une grande teneur en fibres.
b : Croquelin® : contient environ 50% de graines de lin.
AGS, AGMI, AGPI : acides gras saturés, monoinsaturés et polyinsaturés.

II-2- Animaux

Les 40 lapins utilisés lors de cet essai proviennent de Bretagne lapins. Les animaux sont issus d'un croisement entre la souche californienne et la souche néo-zélandaise. 35 jours avant l'abattage, les animaux sont répartis en deux groupes homogènes de 20 individus chacun : un témoin et un expérimental. Les lapins sont mis dans des cages individuelles et soumis à des pesées hebdomadaires afin de déterminer les gains de poids enregistrés. La quantité d'aliment ingérée quotidiennement est également enregistrée pour chaque animal.

II-3- Abattage et découpe des carcasses

Le jour de l'abattage, à 11 semaines d'âge, les animaux à jeun sont pesés puis sacrifiés. Après la réalisation des mesures classiques (poids des carcasses, poids du foie, ...), les carcasses sont découpées selon les normes de la World Rabbit Scientific Association (Blasco et Ouhayoun, 1993) (figures 13 et 14).

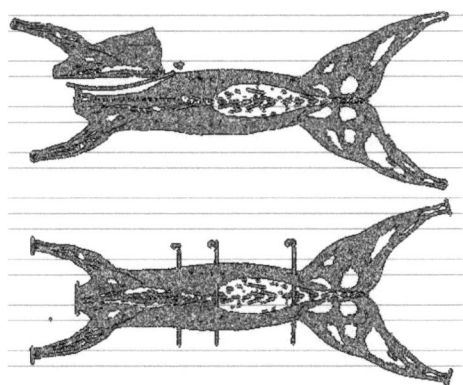

Figure 13 : **Découpe de la carcasse : (division anatomique : 2 et 3 ; division technologique : 1, 3 et 4).**

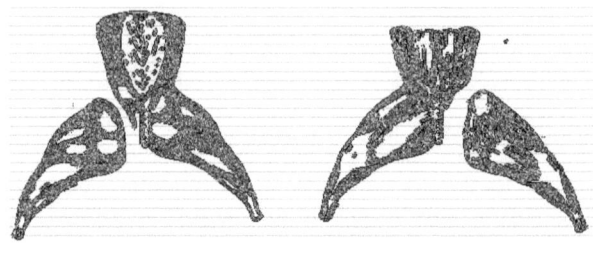

Vue dorsale   Vue ventrale

Figure 14 : Séparation des cuisses.

II-4- Echantillonnage

A l'abattage et après la pesée des différents morceaux prélevés (demi-carcasse, cuisse, filet, râble, foie, rognon, cerveau), ceux-ci sont immédiatement conservés à -20°C en vue d'analyses ultérieures.

II-5- Analyses chimiques des échantillons

Le détail des différentes méthodes d'analyses est donné dans la partie « Matériel et Méthodes ».

La détermination du pourcentage en lipides ainsi que la composition en AG sont réalisées sur l'ensemble des tissus prélevés. La teneur en lipides totaux est déterminée par la méthode de Folch et al. (1957), alors que le profil en acides gras est obtenu après méthylation selon la méthode de Morrison et Smith (1964), par chromatographie en phase gazeuse.

La peroxydation des lipides est déterminée par la méthode modifiée de Kornbrust et Mavis (1980) en quantifiant le 2-thiobarbituric acid reactive substances (TBARS). Les acides gras peroxydent en présence de malate avec comme activateur le sulfate de fer et comme antioxydant l'acide ascorbique.

II-6- Analyse statistique

Les résultats obtenus ont été soumis à une analyse de la variance avec le régime comme effet principal selon la procédure Anova de SAS (SAS Institute, 1999). Quand l'effet est significatif, les moyennes sont comparées deux à deux par le test de Bonferroni.

III- Résultats

L'essentiel des résultats de cette étude ont fait l'objet de la première publication parue dans la revue *Meat Science* en 2008.

III-1- Composition chimique des aliments

Comme indiqué dans le tableau 10, le profil en acides gras des deux aliments est différent. En effet, la teneur en acide α-linolénique est plus élevée pour le régime lin par rapport au témoin. Il en est de même pour les AGPI.

La tendance est inversée pour les acides gras saturés et monoinsaturés puisqu'ils sont plus présents dans le régime standard que celui à base de graines de lin extrudées. Le rapport n-6 / n-3 a significativement baissé dans ce dernier régime (2,04 vs 5,75).

III-2- Performances zootechniques des lapins

Les différentes performances zootechniques sont consignées dans le tableau 11.

<u>Tableau 11</u> : **Performances zootechniques des animaux (n = 40, 20 par régime)**

	Régime témoin	**Régime lin**	**ETR**
Poids vif initial (g)	1046	1074	121
Poids vif à l'abattage (g)	2546	2557	167
Gain moyen quotidien (g/j)	43	42	3,4
Poids de la carcasse chaude (g)	1453	1455	0,10
Indice de consommation	3,07	3,20	0,21

ETR : Ecart-type résiduel.

L'étude statistique n'a montré aucun effet significatif ($P > 0,05$) du régime sur les performances et les caractéristiques des carcasses des lapins. Ceci est conforme aux résultats trouvés par Bernardini et al. (1999) et Dal Bosco et al. (2004), qui n'enregistrent n'en plus aucun effet significatif du régime à forte teneur en des acides n-3 sur les performances zootechniques des lapins. Cette observation a été également constatée chez le porc (Riley et al., 2000 ; Kouba et al., 2003 ; Guillevic et al., 2009b).

Etude I

Toutefois, chez le porc, certains auteurs (Liu et al., 2003) ont rapporté que les acides gras n-3 apportaient des bénéfices zootechniques aux animaux. Ces bénéfices seraient dus à une action conjuguée de l'acide alpha-linolénique et des éléments intrinsèques des graines. Ces dernières peuvent, cependant, contenir des facteurs antinutritionnels, qui, s'ils ne sont pas enlevés, peuvent diminuer les performances de croissance des animaux.

III-3- Composition chimique des muscles

La composition chimique des deux muscles : *Longissimus dorsi* et semimembraneux est donnée dans les tableaux 12 et 13. Selon Gondret (1999), la teneur en lipides d'un tissu est une caractéristique dynamique, résultante d'équilibres entre le dépôt des triglycérides alimentaires, la synthèse endogène d'acides gras à partir de précurseurs carbonés puis leur estérification en triglycérides, la mobilisation de ces triglycérides (lipolyse) et l'oxydation des acides gras.

Pour notre essai, on remarque que la composition en AG des deux muscles *Longissimus dorsi* et semimembraneux est relativement équivalente. Ainsi, le régime n'a pas eu d'influence sur la proportion des acides gras de la série des oméga 6, notamment l'acide linoléique (C18 : 2 n-6) et l'acide arachidonique (C20 : 4 n-6), et ce, pour les deux tissus.

Concernant l'acide oléique, sa proportion a baissé ($P < 0,001$) avec le régime lin par rapport au témoin (24,21 % vs 26,13 %), et ce, au niveau du *Longissimus dorsi*. Dans le muscle semimembraneux, l'aliment n'a pas eu d'effet sur ce paramètre.

Au contraire, les acides gras n-3 sont significativement plus élevés avec le régime à base de graines de lin extrudées, et ce, aussi bien pour le précurseur ALA que ses dérivés à longue chaîne, notamment l'EPA, le DPA et le DHA, à l'exception de ce dernier qui, lui, n'a pas été influencé par la nature du régime dans le muscle semimembraneux.

En effet, l'augmentation de la proportion d'ALA de 2,6 et 2,4 fois avec le régime lin par rapport au témoin dans respectivement le LD et le semimembraneux s'est accompagnée de celle des dérivés à longue chaîne.

L'augmentation des proportions de tous les AG n-3 dans le muscle *Longissimus dorsi* des lapins nourris à base de graines de lin entières a bien été démontrée par Dal Bosco et al. (2004).

La tendance est généralement la même pour affirmer que quand la teneur de l'aliment en graines ou l'huile de lin est élevée, le niveau des AG n-3 est également plus élevé aussi bien chez le porc (Enser et al., 2000 ; Matthews et al., 2000) que chez le poulet (Chanmugam et al., 1992 ; Loppez-Ferrer et al., 2001).

Contrairement à ce qui est observé pour le muscle semimembraneux, la somme des AGS et celle des AGMI sont significativement plus faibles avec le régime lin par rapport au témoin dans le LD.

Toutefois, la somme des AGPI est significativement plus élevée pour les deux muscles avec le premier aliment par rapport au deuxième. Ainsi donc, cette augmentation s'est faite au détriment des deux classes d'AG : saturés et moinsaturés.

Etude I

Tableau 12 : Composition chimique du *Longissimus dorsi*

	Régime témoin	Régime lin	ETR	R
Matière sèche (g/100 g)	24,70	24,20	0,81	NS
Protéines (g/100 g)	22,84	22,70	0,46	NS
Lipides (g/100 g)	1,20	1,30	0,19	NS
Composition en AG (en % des AG totaux)				
C14:0	1,48	1,46	0,23	NS
C14:1	0,39	0,45	0,07	NS
C16:0	28,64	27,73	1,19	*
C16:1 n-7	2,90	2,11	0,94	**
C18:0	8,10	7,94	0,81	NS
C18:1 n-9	26,13	24,21	1,48	***
C18:2 n-6	21,40	21,74	1,00	NS
C20:0	0,18	0,15	0,06	NS
C18:3 n-3	1,52	3,96	1,32	***
C20:1 n-9	0,30	0,27	0,06	NS
C20:2	0,33	0,27	0,07	**
C20:3 n-3	0,53	0,53	0,09	NS
C20:4 n-6	5,28	5,28	1,09	NS
C22:1 n-9	0,07	0,09	0,04	NS
C20:5 n-3	0,32	0,43	0,13	***
C24:0	0,92	1,11	0,52	NS
C24:1 n-9	0,47	0,52	0,14	NS
C22:5 n-3	0,84	1,48	0,43	***
C22:6 n-3	0,19	026	0,08	**
∑AGS	39,31	38,39	1,44	*
∑AGMI	30,27	27,66	2,00	***
∑AGPI	30,42	33,95	2,85	***
∑n-6/∑n-3	7,85	4,09	1,98	***

ETR : Ecart-type résiduel ; **R :** effet régime.
NS : différence non significative (P >0,05).
* P < 0,05 ; ** P < 0,01 ; *** P < 0,001.

Le rapport AG n-6 / AG n-3 est significativement (P < 0,001) plus faible avec le régime à base de graines de lin extrudées dans les deux muscles. Cette tendance s'explique notamment par l'augmentation significative de la proportion du précurseur des oméga 3, l'acide alpha-linolénique, dans le régime lin.

<u>Tableau 13</u> : **Composition chimique du muscle semi-membraneux**

	Régime témoin	**Régime lin**	**ETR**	**R**
Matière sèche (g/100 g)	24,30	24,60	0,55	NS
Protéines (g/100 g)	21,99	22,06	0,47	NS
Lipides (g/100 g)	1,40	1,30	0,19	NS
Composition en AG (en % des AG totaux)				
C14:0	1,38	1,30	0,20	NS
C14:1	0,43	0,44	0,14	NS
C16:0	28,19	27,23	1,43	*
C16:1 n-7	3,17	2,34	0,89	**
C18:0	8,59	9,22	0,89	*
C18:1 n-9	23,48	23,15	2,12	NS
C18:2 n-6	23,15	22,71	1,36	NS
C20:0	0,16	0,13	0,04	NS
C18:3 n-3	1,48	3,51	1,16	***
C20:1 n-9	0,31	0,32	0,07	NS
C20:2	0,40	0,32	0,14	NS
C20:3 n-3	0,59	0,62	0,12	NS
C20:4 n-6	5,36	4,84	1,05	NS
C22:1 n-9	0,14	0,18	0,15	NS
C20:5 n-3	0,34	0,49	0,15	***
C24:0	1,21	1,03	0,25	*
C24:1 n-9	0,53	0,48	0,12	NS
C22:5 n-3	0,87	1,38	0,39	***
C22:6 n-3	0,22	0,30	0,12	NS
∑AGS	39,53	38,92	1,89	NS
∑AGMI	28,06	26,90	2,06	NS
∑AGPI	32,41	34,18	21,40	*
∑n-6/∑n-3	8,16	4,43	1,97	***

ETR : Ecart-type résiduel ; **R** : effet régime.
NS : différence non significative (P >0,05).
* P < 0,05 ; ** P < 0,01 ; *** P < 0,001.

Ainsi donc, la teneur en API n-3 est toujours plus importante chez les lapins nourris avec un aliment contenant des graines de lin, et ce, quel que soit le tissu considéré ; résultats confirmés par Bernardini et al. (1999) et Dal Bosco et al. (2004) toujours chez le lapin.

Ces auteurs ont, toutefois, utilisé des quantités de graines de lin plus importantes, respectivement 16 % de graines broyées et 8 % de graines entières contre 3 % de graines extrudées dans notre essai.

Notre choix pour utiliser une faible quantité de ces graines est dicté par le prix élevé de cette matière, d'où la cherté de cet aliment destiné aux lapins.

III-4- Composition chimique du gras périrénal

Pour l'étude de la composition du tissu adipeux, le choix a été porté sur le gras périrénal dont la composition en AG est donnée dans le tableau 14.

Etude I

Tableau 14 : Composition chimique du gras périrénal

	Régime témoin	Régime lin	ETR	R
Lipides (g/100 g)	73,90	74,70	3,1	NS
Composition en AG (en % des AG totaux)				
C14:0	2,40	2,28	0,22	NS
C14:1	0,13	0,18	0,09	NS
C16:0	31,65	28,65	1,77	***
C16:1 n-7	3,61	2,69	0,83	*
C18:0	5,81	6,19	0,49	*
C18:1 n-9	30,40	27,40	1,73	***
C18:2 n-6	21,40	22,06	1,10	NS
C20:0	0,14	0,15	0,09	NS
C18:3 n-3	3,34	9,22	3,03	***
C20:1 n-9	0,39	0,37	0,06	NS
C20:2	0,16	0,15	0,08	NS
C20:3 n-3	0,10	0,13	0,06	NS
C20:4 n-6	0,10	0,14	0,06	NS
C22:1 n-9	0,06	0,07	0,04	NS
C20:5 n-3	0,05	0,07	0,03	NS
C24:0	0,07	0,04	0,05	*
C24:1 n-9	0,07	0,04	0,06	NS
C22:5 n-3	0,05	0,07	0,03	NS
C22:6 n-3	0,06	0,10	0,02	***
$\sum$AGS	40,07	37,32	1,76	***
$\sum$AGMI	34,67	30,75	2,39	***
$\sum$AGPI	25,26	31,93	3,71	***
$\sum$AGPI/$\sum$AGS	0,63	0,85	0,12	***
$\sum$n-6/$\sum$n-3	5,99	2,32	1,88	***

ETR : Ecart-type résiduel ; **R** : effet régime.
NS : différence non significative (P >0,05).
* P < 0,05 ; ** P < 0,01 ; *** P < 0,001.

Etude I

On constate que la teneur en lipides totaux de ce tissu adipeux n'a pas été influencée (P>0,05) par la nature du régime. Il en est de même pour les acides gras n-6 (C18 : 2 n-6 et C20 : 4 n-6). L'acide oléique et l'ensemble des acides gras moinsaturés, quant à eux, ont significativement (P < 0,001) baissé avec le régime lin.

Il est connu que la stéaroyl-CoA-désaturase génère les AGMI à partir des AGS (Gelhorn et Benjamin, 1965). Nos résultats montrent une forte diminution de la proportion des AGMI aussi bien au niveau du gras périrénal que le muscle *Longissimus dorsi* des lapins alimentés avec le régime lin. Cette diminution pourrait être attribuée d'une part, à la faible teneur en acide oléique de l'aliment lin comparativement au témoin et, d'autre part, à l'effet inhibiteur des AGPI n-3 sur l'activité de la stéaroyl-CoA-désaturase, démontré par Ntambi et al. (1996) chez la souris et Kouba et al. (2003) chez le porc.

Le précurseur des oméga 3, l'acide alpha-linolénique, a significativement (P < 0,001) augmenté dans le gras des animaux ayant consommé les graines de lin extrudées. Toutefois, à l'exception du DHA, qui a vu sa teneur augmenter significativement avec le régime lin, les proportions des acides gras à longue chaîne, notamment EPA et DPA n'ont pas été affectées par le régime. A signaler que le manque d'effet du régime à base de graines de lin sur les proportions des AGPI n-3 à longue chaîne dans le gras périrénal n'était pas régulier dans l'étude de Bernardini et al. (1999).

A signaler que le pourcentage de l'acide alpha-linolénique est plus élevé dans le gras périrénal que dans les deux muscles LD et semimembraneux. Toutefois, les dérivés à longue chaîne de ce précurseur, ALA, sont plus importants dans ces deux derniers que dans le premier.

Le rapport AGPI/AGS dans le gras périrénal a significativement (P < 0,001) augmenté avec le régime à base de lin, et ce, suite à l'augmentation significative de la proportion des acides gras polyinsaturés d'une part, et la diminution de celle des acides gras saturés, d'une autre part.

Etude I

III-5- Composition chimique des viandes crue et cuite des lapins

Le tableau 15 résume la composition chimique des viandes crue et cuite des animaux.

<u>Tableau 15</u> : Composition en lipides et acides gras de la viande crue et cuite selon le régime

	Régime témoin		Régime lin		R
	Viande crue	Viande cuite	Viande crue	Viande cuite	
n =	10	10	10	10	
Lipides (g/100 g)	6,95	9,50	6,97	9,94	NS
Composition en AG (en mg/100 g de viande)					
C14:0	101,5	138,5	110,7	158	NS
C14:1	6,2	8,4	10	14,4	*
C16:0	1368,7	1967,6	1391	1979,1	NS
C16:1 n-7	142,1	194	118	168,8	***
C18:0	256,2	349,8	311,1	441,4	*
C18:1 n-9	1303,4	1778,9	1315,7	1871	NS
C18:2 n-6	944,4	1254,9	1064,6	1470,7	*
C20:0	6,4	8,8	7,2	10,2	NS
C18:3 n-3	134,3	183,5	424,3	603	***
C20:1 n-9	16,8	22,9	18,5	26,3	*
C20:2	8,0	11	5,9	8,3	NS
C20:3 n-3	5,6	7,7	8,3	11,8	***
C20:4 n-6	28,8	39,4	28,8	41	NS
C22:1 n-9	2,1	2,9	4,2	6	**
C20:5 n-3	2,9	3,9	4,7	6,7	**
C24:0	8,4	11,5	6,6	9,4	*
C24:1 n-9	4,6	6,2	3,9	5,6	NS
C22:5 n-3	6,2	8,4	9,1	13	**
C22:6 n-3	3,6	4,9	5,1	7,3	***
AGS	1741	2376	1827	2598	NS
∑AGMI	1475	2013	1470	2092	NS
∑AGPI	1134	1514	1551	2162	**
∑n-6/∑n-3	6,37	6,21	2,42	2,35	***

R : effet régime.
NS : différence non significative ($P > 0,05$).
* $P < 0,05$; ** $P < 0,01$; *** $P < 0,001$.

Etude I

Nos résultats montrent que la viande cuite présente des teneurs en lipides et en acides gras plus élevées que la viande crue, et ce, quel que soit le régime. Cette augmentation dans ces teneurs est due aux pertes d'eau lors de la cuisson. A signaler que nous avons considéré les morceaux de viande cuite susceptibles d'être consommés, sans prendre en compte la part de ce qui est perdu dans l'eau.

Cette augmentation des proportions de lipides ou d'acides gras dépasse 35 % et 41 %, respectivement dans la viande cuite des lapins nourris avec le régime témoin et celle des animaux alimentés avec les graines de lin, à l'exception de l'acide linolénique (C18 :2 n-6), qui augmente de façon moins importante (33 % et 38 % respectivement). Cette tendance pourrait être expliquée par le fait que les AGPI n-3 sont moins sensibles à l'altération par cuisson.

La viande cuite de lapins nourris à base de graines de lin contient approximativement 603 mg d'ALA (C18 : 3 n-3) et 7,3 mg de DHA (C22 : 6 n-3) par 100 g (figure 15). Cette quantité représente environ 29-38 % et 6 % des besoins quotidiens recommandés (Legrand, 2004).

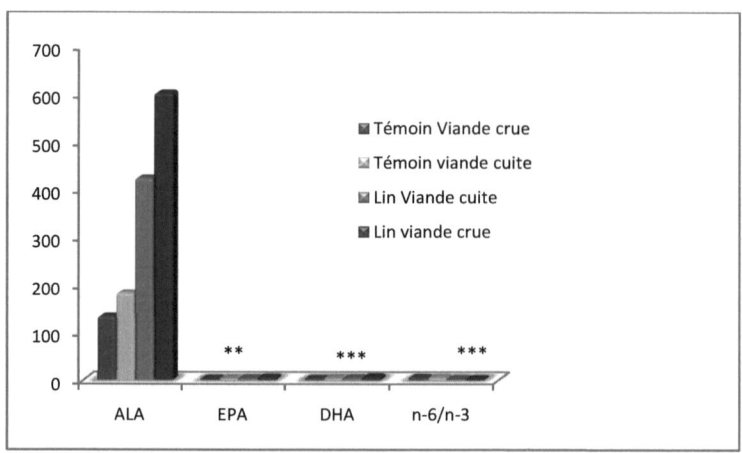

Figure 15 : Teneur (en mg/100 g) en ALA, EPA et DHA des viandes crue et cuite et le rapport n-6/n-3.

Cette faible proportion des acides gras dérivés d'ALA par rapport à celle de ce précurseur observée aussi bien dans les muscles que le gras s'explique par le faible taux de conversion de ce dernier, suite à la compétition qui existe entre les enzymes communes impliquées dans le métabolisme des AG des deux séries oméga 6 et oméga 3, notamment la $\Delta 6$ et la $\Delta 5$.

Pour pallier le déficit du régime alimentaire de l'homme en AGPI n-3, les recommandations nutritionnelles actuelles tendent à faire baisser le rapport n-6 / n-3 à une valeur inférieure à 5. Et alimenter les lapins avec un aliment à base de graines de lin contribue à le faire baisser dans les muscles (4,09 contre 7,88 et 4,43 contre 8,16, respectivement pour le *Longissimus dorsi* et le semimembraneux), le gras périrénal (2,32 contre 5,99), la viande crue (2,4 contre 6,4) et dans la viande cuite (2,3 contre 6,2).

Cet effet du régime à base de graines de lin sur la diminution de ce rapport a été également rapporté toujours chez le lapin par Dal Bosco et al. (2004), ainsi que chez d'autres espèces telles que le porc (Matthews et al., 2000 ; Riley et al., 2000 ; Kouba et al., 2003) et chez le poulet (Chanmgam et al., 1992 ; Lopez-Ferrer et al., 2001 ; Crespo et Esteve-Garcia, 2002).

III-6- Peroxydation des lipides du *Longissimus dorsi*

A notre connaissance, il n'existe que deux études qui se sont intéressées à l'effet d'un enrichissement du régime en AGPI n-3 sur la susceptibilité à la peroxydation du muscle chez cet animal (Castellini et al., 1998 ; Dal Bosco et al., 2004).

Les valeurs TBARS obtenues dans ce présent travail pour le régime lin à 0 minute est conforme à celle enregistrée par Castellini et al. (1998) sur muscle frais toujours pour l'aliment test (lin). Nos résultats montrent que le muscle *Longissimus dorsi* des animaux ayant consommé le régime à base de graines de lin extrudées présente une susceptibilité à l'oxydation de ses lipides plus importante (figure 16).

Toutefois, Castellini et al. (1998) et Dal Bosco et al. (2004) trouvent que les lipides du *Longissimus dorsi* et de la viande cuite sont significativement moins susceptibles à la peroxydation. Ceci pourrait être expliqué par le fait que ces auteurs ont utilisé des doses de la vitamine E plus élevées dans le régime alimentaire à base de lin des animaux (200 mg/kg d'aliment vs 30 mg/kg pour notre essai), d'où l'augmentation de la teneur des tissus des lapins en cette vitamine, comme cela a été démontré par Oriani et al. (2001).

Or, un grand nombre de travaux mettent en relief l'effet antagoniste de cette dernière sur la peroxydation des lipides, puisqu'elle agit comme antioxydant et protège ainsi la viande de la détérioration, comme le montrent les travaux de Lin et al. (1989) chez la volaille et ceux de Monahan et al. (1992) chez le porc.

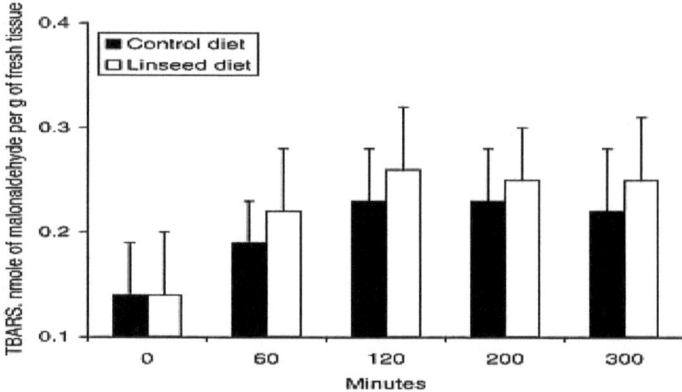

Figure 16 : **Influence du régime alimentaire sur la stabilité oxydative du *Longissimus dorsi* des lapins.**

IV- Conclusion

Les résultats de cette étude montrent qu'il est possible d'augmenter la teneur en AGPI n-3 des muscles, du gras périrénal et de la viande du lapin, et ce, en lui donnant un régime contenant des graines de lin extrudées. A signaler que cet enrichissement en n-3 n'a pas eu d'effet significatif sur les performances de croissance de cet animal.

Cependant, nourrir les lapins avec des graines de lin extrudées permet une production de viande plus riche en AGPI n-3 qu'avec un régime standard. De même, il s'avère qu'il n'y a pas d'effet défavorable de la haute teneur du muscle en AGPI n-3 sur sa susceptibilité à la peroxydation, surtout avec l'incorporation d'une certaine quantité d'antioxydant tel que la vitamine E dans l'aliment.

La cuisson, quant à elle, ne semble pas altérer les proportions des acides gras de la série des oméga 3, alors que l'effet est défavorable sur ceux de la famille des oméga 6.

ETUDE II

Effets d'un régime à base de graines de lin extrudées sur la lipogenèse, la composition en acides gras des tissus et l'activité de la stéaroyl-CoA-désaturase chez le lapin

I- Introduction

La valeur nutritionnelle ou la qualité des produits est devenue la préoccupation majeure du consommateur à travers le monde, notamment dans les pays développés. C'est ainsi que le souci majeur du consommateur est de limiter la part du gras dans son assiette. L'alimentation des animaux, particulièrement sa fraction lipidique, influence fortement cette part en modifiant surtout le profil des acides gras déposés dans la viande (Maertens, 1998 ; Mourot et Hermier, 2001).

En effet, et à l'image des autres monogastriques, il existe chez le lapin, une corrélation positive entre les AG ingérés et ceux déposés au niveau de la carcasse. Toutefois, l'influence du profil des AG alimentaires semble plus prononcée sur la composition en AG des tissus adipeux dissécables que sur ceux du gras intramusculaire (Xiccato, 1999).

La quantité de lipides accumulée dans les différents tissus de l'organisme constitue un facteur important de qualité des carcasses et des viandes. Ainsi, un faible dépôt de lipides dans les tissus adipeux visibles est souhaitable afin d'optimiser les coûts de production et de proposer aux consommateurs des produits (carcasses entières et morceaux prêts à rôtir), visuellement plus attractifs (Gondret, 1999).

Toutefois, la faible teneur en lipides des muscles du lapin (1 à 2 g/100 g pour la plupart d'entre eux) pourrait ainsi constituer un des facteurs limitants de la qualité finale de cette viande, souvent jugée trop fade et trop sèche par les consommateurs (Gondret, 1999). En effet, des études menées chez le porc qui, comme le lapin, produit une viande à faible teneur en lipides, suggèrent qu'il existe une relation positive entre la teneur en lipides intramusculaires et l'acceptabilité de la viande par les consommateurs (Fernandez et al., 1998).

La teneur en lipides d'un tissu est une caractéristique dynamique, résultante d'équilibres entre le dépôt des triglycérides alimentaires, la synthèse endogène d'acides gras à partir de précurseurs carbonés puis leur estérification en triglycérides, la mobilisation de ces triglycérides (lipolyse) et l'oxydation des acides gras (Gondret, 1999).

Le principal site de synthèse varie selon l'espèce. Chez les monogastriques, le foie est le site principal chez les oiseaux et chez l'Homme, le tissu adipeux chez le porc, alors que chez le rat, les deux sites sont importants (Vernon, 1980).

Chez le lapin, l'importance relative de la lipogenèse dans le foie ou dans le tissu adipeux dépend de l'âge de l'animal : durant la croissance, le foie est le siège principal de la synthèse des lipides chez le jeune animal, et chez l'adulte c'est plutôt le tissu adipeux qui est le plus actif dans la lipogenèse (Gondret et al., 1997). La fraction lipidique de la viande de lapin peut couvrir près de 5 et 4 % des ANC en acide alpha-linolénique pour une femme et un homme respectivement (Combes et Dalle Zotte, 2005).

Ainsi, la consommation de la viande de lapin se révèle être bénéfique à la santé d'autant plus que le corps humain est incapable de synthétiser les précurseurs des AGPI des deux séries n-6 et n-3, C18 : 2 n-6 et C18 : 3 n-3 respectivement, qui devraient donc être apportés par l'alimentation. Grâce à des réactions enzymatiques faisant intervenir notamment les enzymes $\Delta 6$ et $\Delta 5$-désaturases, l'organisme convertit ces AG indispensables issus de l'alimentation en AG à chaîne plus longue et plus insaturée comme l'ARA, EPA et DHA.

Cependant, bien que l'homme soit capable de convertir l'acide α-linolénique (C18 : 3 n-3) en DHA, cette biosynthèse reste insuffisante pour obtenir des effets biologiques efficaces (Combes et Dalle Zotte, 2005 ; Alessandri et al., 2009), d'où la nécessité que ce dérivé long ainsi que l'EPA doivent être fournis par l'alimentation puisqu'ils suscitent un intérêt particulier pour la santé humaine, en prévenant notamment les maladies cardiovasculaires.

Une manière d'augmenter l'apport en EPA et en DHA dans l'alimentation humaine est de produire des aliments, particulièrement la viande, enrichis en ces composés (Ailhaud et al., 2006). Cependant, cet enrichissement présente l'inconvénient de rendre les produits plus susceptibles à la peroxydation, qui est à l'origine de la détérioration de leurs qualités organoleptiques, notamment au niveau de la couleur et du rancissement.

La viande de lapin est plus exposée à cette dépréciation à cause de sa richesse en AGPI. D'ailleurs, les valeurs TBARS observées avec cette chair sont généralement plus élevées que celles des viandes des autres espèces telles que le porc, la volaille ou encore le veau (Dalle Zotte, 2004). Pour limiter ce phénomène de peroxydation, il est préconisé de supplémenter le régime avec un antioxydant tel que la vitamine E pour une meilleure stabilité des lipides des viandes.

Le but de ce travail est de voir l'impact de la distribution d'un régime contenant des graines de lin extrudées sur les performances de croissance, la lipogenèse, l'activité de la stéaroyl-CoA-désaturase (qui génère les AGMI) et sur la qualité nutritionnelle de la viande de lapin.

II- Matériel et méthodes

II-1- Animaux et régimes alimentaires

12 lapins issus du même croisement que précédemment et provenant toujours de Bretagne lapins sont utilisés lors de cet essai. A 6 semaines de l'abattage, les animaux sont répartis en deux groupes homogènes de 6 individus chacun. Ils sont placés dans des cages individuelles et sont nourris ad libitum. Les poids des animaux et les quantités d'aliment ingérées sont effectuées avec le même rythme que dans la précédente étude.

Les deux aliments (témoin et expérimental) distribués aux deux lots sont isoprotéiques (18 %) isoénergétiques (3970 kcal) et isolipidiques (4,6 %), contenant 30 mg de vitamine E/ kg d'aliment (tableau 17). Ce sont les mêmes régimes distribués lors de la précédente étude.

II-2- Prélèvement des tissus

A 11 semaines d'âge, après le sacrifice des animaux et la découpe des carcasses selon toujours les normes de la World Rabbit Scientific Association (Blasco et Ouhayoun, 1993) (figures 13 et 14), différents morceaux son prélevés (demi-carcasse, cuisse, filet, gras abdominal, gras périrénal, *Longissimus dorsi*) et conservés à -20 °C en vue de déterminer leur composition en lipides et en acides gras.

Pour le dosage des enzymes de la lipogenèse (EM, G6PDH, FAS) et du métabolisme oxydatif (HAD), les tissus nécessaires sont prélevés et immédiatement mis dans de l'azote liquide puis conservés à -80 °C jusqu'à analyses.

II-3- Analyses chimiques des échantillons

Ce paragraphe sera décrit sommairement. Pour une étude plus approfondie, se référer à la partie « Matériel et Méthodes ».

II-3-1- Dosage des lipides et des acides gras

Les dosages de lipides, d'acides gras, de la peroxydation des lipides effectués sur les parties prélevées à cet usage sont effectués selon les différentes méthodes décrites précédemment.

II-3-2- Détermination des activités enzymatiques

Le foie, le gras interscapulaire, le gras abdominal et *Longissimus dorsi* ont fait l'objet des différentes analyses enzymatiques. L'activité de l'enzyme malique (EM, EC 1.1.1.40) et de la glucose-6-phosphate déshydrogénase (G6PDH, EC 1.1.1.49) est déterminée selon la modification de Gandemer et al. (1983) de la méthode de Hsu et Hardy (1969) pour l'EM et de Fitch et al. (1959) pour la G6PDH.

Le dosage de l'activité de la fatty acid synthase (FAS, EC 2.3.1.85) est réalisé selon la méthode décrite par Lavau et al. (1982). Le dosage de la delta-9 désaturase est fait au niveau du foie, du *Longissimus dorsi* et les gras interscapulaire et périrénal selon selon la méthode décrite par D'Andrea et al. (2002).

L'activité de la β-hydroxyacyl Coenzyme A déshydrogénase (HAD), quant à elle, est déterminée selon la méthode décrite par Bass et al. (1969).

II-3-3- Dosage du cholestérol

Le dosage du cholestérol, quant à lui, est réalisé selon la méthode de Liebermann (1885) - Burchard (1890). Le principe du dosage consiste à faire réagir la fonction alcool de cholestérol sur un extrait chloroformique auquel sont ajoutés de l'anhydride acétique et de l'acide sulfurique (catalyseur de la réaction).

C'est une réaction colorée. La quantité de cholestérol est proportionnelle à l'intensité de la couleur.

II-3-4- Mesures de la qualité technologique du muscle *Longissimus dorsi* du lapin

Le pH ultime à 24 h est mesuré par un pH-mètre à viande en enfonçant directement la sonde (électrode en xérolyte de verre) à l'intérieur du muscle (figure 17).

Figure 17 : Mesure du pH ultime de la viande.

Parallèlement à la mesure du pH, la couleur a été mesurée sur la face interne du muscle. Les paramètres sont évalués dans le système trichromatique CIE L*, a*, b* (Chromamètre Minota CR 300).

L* indique la luminosité ou luminance (elle représente la réflectance de surface) et les composantes a* et b* sont les coordonnées de chromaticité (a* < 0 : couleur verte ; a* > 0 : couleur rouge ; b* < 0 : couleur bleue et b* > 0 : couleur jaune) (figure 18).

A noter que la mesure du pH ultime et la mesure de la couleur sont faites approximativement au même endroit.

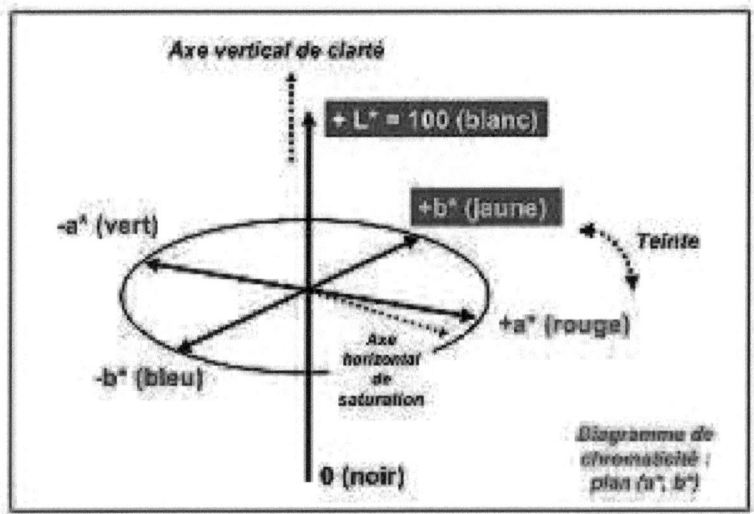

Figure 18 : Repérage des couleurs selon le système CIE L*a*b*.
(Institut d'élevage, 2006)

II-4- Analyse statistique

Les résultats obtenus ont été comparés par analyse de la variance avec le régime comme effet principal en utilisant la procédure Anova du logiciel SAS (SAS Institute, 1999). Quand l'effet est significatif, les moyennes sont comparées deux à deux par le test de Bonferroni.

III- Résultats

III-1- Composition chimique des aliments

Les aliments distribués présentent la composition chimique donnée par le tableau 16. Les deux aliments présentent des différences au niveau de leur composition en acides gras. Ainsi, les teneurs en acide alpha-linolénique (C18 :3 n-3) et en AGPI sont plus élevées dans le régime à base de lin comparativement au témoin : 22,4 % vs 7,1 % et 55,2 % vs 41 % respectivement. Les proportions des acides gras saturés et monoinsaturés, par contre, sont plus importantes dans le régime témoin par rapport à l'aliment lin : 35 % vs 22,6 % et 28,1 % vs 22,4 % respectivement.

La teneur en acide linoléique est, quant à elle, pratiquement la même pour les deux régimes. L'incorporation des graines de lin dans l'aliment a significativement diminué le rapport LA / ALA : 4,75 % vs 1,45.

Tableau 16 : **Composition chimique des aliments distribués aux animaux des deux lots**

	Aliment témoin	Aliment lin
Ingrédients (g/kg)		
Son de blé	280	280
Foin d'alfalfa	200	200
Tourteau de tournesol	150	150
Pulpe de betterave sucrière	100	100
Lapilest® a	65	65
Croquelin® b	/	40
Blé	50	50
Mélasse de la canne à sucre	45	45
Huile végétale	10	10
Pois	20	/
Tourteau de colza	20	/
Complexe minéralo-vitaminique	40	40
Vitamine E (mg/kg)	30	30
Composition chimique		
Energie brute (Kj/kg)	16,37	16,37
Cellulose (g/kg)	140	140
Protéines brutes (g/kg)	170	172
Matières grasses (g/kg)	40	40
Composition en acides gras (en % des AG totaux)		
C16:0	25,07	18,57
C18:0	3,70	3,10
C18:1 n-9	26,95	21,48
C18:2 n-6	33,58	32,42
C18:3 n-3	7,07	22,40
ΣAGS	35,05	22,60
ΣAGMI	28,08	22,45
ΣAGPI	40,96	55,22
Σn-6/Σn-3	4,75	1,45

a : Mélange d'aliments avec une grande teneur en fibres.
b : Croquelin® : contient environ 50% de graines de lin.
AGS, AGMI, AGPI : acides gras saturés, monoinsaturés et polyinsaturés.

III-2- Performances zootechniques des animaux

Comme le montre le tableau 17, l'incorporation des AGPI n-3 dans le régime des lapins n'a pas d'effet significatif sur les performances de croissance de ces animaux. Ces résultats sont conformes à ceux des travaux précédents toujours sur le lapin (Fernández et Fraga, 1996 ; Combes, 2004 ; Kouba et al., 2008) et sur le porc (Kouba et al., 2003 ; Guillevic et al., 2009b).

<u>Tableau 17</u> : **Influence du régime sur les performances zootechniques des animaux**

	Régime témoin	Régime lin	ETR	R
Poids à l'abattage (g)	2495	2350	103	NS
Gain moyen quotidien (g/j)	37	36	3	NS
Indice de consommation	2,63	2,99	0,31	NS
<u>Caractéristiques de la carcasse :</u>				
Poids de la carcasse chaude (g)	1370	1288	190	NS
Poids du foie (g)	73	57	15	NS
Poids du râble (g)	312	281	66	NS
Poids de l'épaule (g)	193	172	32	NS
Poids de la cuisse (g)	222	207	34	NS
<u>Qualité de la viande :</u>				
pH ultime[a]	5,70	5,81	0,10	NS
L*	58,91	57	1,75	NS
a*	1,94	3,01	1,10	NS
b*	2,15	2,01	0,34	NS

a : pH mesuré 24h après l'abattage ; L* : luminance ; a* et b* : indices de chromaticité.
NS : différence non significative (P > 0,05).

Concernant les paramètres technologiques de la viande, on constate que le régime n'a également pas influé le pH ultime, la luminosité et la couleur de la carcasse. Cette tendance a été déjà observée par Kouba et al. (2008).

III-3- Effet du régime sur la teneur en lipides des différents tissus

Le tableau 18 donne la composition en lipides totaux des différents morceaux analysés.

On remarque que la quantité des lipides exprimée en pourcentage ne présente aucune différence significative pour l'ensemble des morceaux analysés. Toutefois, les tendances pour les teneurs totales en lipides des différents tissus ne suivent pas celles des proportions (%), puisqu'aussi bien le foie, le gras périrénal que le gras interscapulaire présentent des valeurs significativement ($P < 0,05$) plus faibles avec le régime à base de graines de lin.

Le tissu hépatique est beaucoup moins riche en lipides que les tissus adipeux. Pour ces derniers et concernant l'effet site, l'étude statistique a montré que le gras périrénal présente une quantité de lipides significativement ($P < 0,001$) plus élevée que le gras interscapulaire.

<u>Tableau 18 :</u> **Influence du régime sur la teneur en lipides des différents tissus**

	Régime témoin	Régime lin	ETR	R
% Lipides :				
Longissimus dorsi	2,17	2,71	0,58	NS
Foie	3,65	3,86	0,27	NS
Gras périrénal	74,63	74,16	4,42	NS
Gras interscapulaire	59,84	51,82	6,45	NS
Teneur totale en lipides des tissus (g)				
Foie	2,77	2,18	0,29	*
Gras périrénal	24,59	18,98	5,02	*
Gras interscapulaire	15,13	11,09	2,81	*

ETR : Ecart-type résiduel ; **R** : effet régime.
NS : différence non significative ; * : $P < 0,05$.

III-4- Activité des enzymes
III-4-1- Enzymes de la lipogenèse

L'activité des enzymes de la lipogenèse (enzyme malique (EM), glucose-6-phosphate déshydrogénase (G6PDH) et FAS) est consignée dans le tableau 19.

L'enzyme malique (EM) et la glucose-6-phosphate déshydrogénase (G6PDH) sont les deux enzymes qui fournissent le co-facteur NADPH, indispensable à la biosynthèse des acides gras (Wise and Ball, 1964; Young et al., 1964).

La fatty acid synthase (FAS), quant à elle, constitue le complexe enzymatique ultime de la lipogenèse qui conduit à la synthèse d'acide palmitique ; elle joue ainsi un rôle clé dans la biosynthèse des acides gras. L'activité enzymatique est plus importante dans le foie ($P < 0,001$) que dans les tissus adipeux que dans le muscle LD.

Ces résultats sont conformes à ceux d'autres travaux qui ont démontré qu'à 11 semaines d'âge (âge d'abattage des lapins commerciaux), le foie est le site majeur de la lipogenèse (60 % de la lipogenèse totale), alors que le tissu adipeux n'y participe qu'à hauteur de 35 % et le tractus digestif qu'à 5 % (Gondret et al., 1997 ; Gondret, 1999).

De même nos résultats ont confirmé les tendances constatées dans des travaux précédents : la synthèse de *novo* d'acides gras est plus importante au niveau du gras périrénal que dans les gras subcutané et interscapulaire (Gondret et al., 1997).

Concernant l'effet site, la lipogenèse est plus accrue dans le gras périrénal que le gras interscapulaire chez les animaux nourris à base de graines de lin. Toutefois, la supplémentation du régime avec des AGPI n-3 a un effet dépressif sur l'activité des enzymes lipogéniques du foie et des gras aussi bien périrénal qu'interscapulaire.

La réduction de la lipogenèse chez les lapins nourris à base de graines de lin au niveau de ces tissus a pour conséquence de diminuer leur teneur en lipides totaux. Cependant, le régime lin n'affecte pas l'activité de ces enzymes au niveau du *Longissimus dorsi* (LD). Ces résultats sont en accord avec de précédentes études qui ont montré que les AGPI inhibent la lipogenèse hépatique chez cet animal (Gondret, 1999 ; Corino et al., 2002).

Etude II

Tableau 19 : Mesure de l'activité des enzymes de la lipogenèse dans le foie, le *Longissimus dorsi* et les tissus adipeux en fonction du régime

	Régime témoin	Régime lin	ETR	R
Unité/g de tissu				
Foie :				
ME	2,05	0,61	0,43	**
G6PDH	13,16	10,01	2,20	*
FAS	183,20	108,10	38,85	**
Gras périrénal :				
ME	0,65	0,36	0,22	*
G6PDH	8,23	6,38	1,04	**
FAS	106,40	81,42	14,08	*
Gras interscapulaire :				
ME	0,69	0,51	0,14	*
G6PDH	5,21	4,41	0,62	*
FAS	79,30	61,24	13,53	*
***Longissimus dorsi* :**				
ME	0,59	0,86	0,42	NS
G6PDH	0,22	0,16	0,07	NS
FAS	4,05	4,38	0,89	NS
Unité/ tissu entier :				
Foie :				
ME	149,60	34,81	31,00	***
G6PDH	960,70	570,62	272,31	*
FAS	13 376	6192	4673	**
Gras périrénal :				
ME	11,01	5,76	3,10	**
G6PDH	139,93	102,12	28,00	*
FAS	1809	1303	484	*
Gras interscapulaire :				
ME	8,28	6,12	2,20	*
G6PDH	62,52	52,92	9,51	*
FAS	951,60	734,81	185,2	*

ME : Enzyme malique ; **G6PDH** : glucose-6-phosphate déshydrogénase ; **FAS** : fatty acid synthase.
NS : différence non significative (P > 0,05) ; * P < 0,05 ; ** P < 0,01 ; *** P < 0,001. L'activité de **ME, G6PDH et de FAS** est exprimée en nmomles NADPH/min/g de tissu.

Etude II

III-4-2- Activité de la stéaroyl-CoA-désaturase

L'activité de cette enzyme est résumée dans le tableau 20.

Tableau 20 : Mesure de l'activité de la stéaroyl-CoA-désaturase (SCD) dans le foie, les tissus adipeux et le LD et celle de la β-hydroxyacyl-CoA-déshydrogénase dans le LD

	Régime témoin	Régime lin	ETR	R
SCD :				
Foie	6,32	4,91	0,82	**
Gras périrénal	26,50	22,62	2,24	***
Gras interscapulaire	18,71	15,31	2,10	**
LD	0,82	0,69	0,18	NS
β-HCoAD :				
LD	2,85	3,71	0,71	*

LD : *Longissimus dorsi* ; **β-HCoAD :** β-hydroxyacyl-CoA-déshydrogénase. L'activité de la SCD est exprimée en nmol d'acide oléique formé/min/g de tissu. L'activité de la β-HCoAD est exprimée en mmol de NADH disparu/min/g de tissu. NS : différence non significative ; * $P < 0,05$; ** $P < 0,01$; *** $P < 0,001$.

La stéaroyl-CoA-désaturase (SCD) génère les AGMI à partir des acides gras saturés (Marsh et James, 1962 ; Gelhorn et Benjamin, 1965). A notre connaissance, pour la première fois, notre étude aborde cet aspect de l'activité de cette enzyme chez le lapin, d'où l'originalité de ce présent travail.

De même, cet essai a montré que cette activité est moins importante dans le foie du lapin comparativement à celle du poulet, mais plus proche celle de la dinde (Kouba et al., 1993), et plus importante à celle du foie de porc (Kouba et al., 1997). A signaler que de même pour les enzymes de la lipogenèse, l'activité de la SCD est plus importante dans le gras périrénal, et ce, indépendamment du régime.

L'effet inhibiteur des AGPI sur l'activité de cette enzyme au niveau du foie et le tissu adipeux a été déjà démontré dans de précédents travaux au niveau du tissu adipeux chez le porc (Kouba et Mourot, 1998 ; Kouba et al., 2003) et plus récemment dans le muscle du bœuf (Waters et al., 2009).

L'absence d'effet du régime lin sur l'activité de cette enzyme dans le muscle du lapin démontré dans cette étude a déjà été observé au niveau du muscle de porc (Kouba et al., 2003). Cette dépression de l'activité de la delta 9-désaturase dans le foie et les tissus adipeux de lapins nourris à base de graines de lin par rapport à celle des animaux témoins est due à la réduction du pourcentage des AGMI.

Cette observation a été confirmée auparavant toujours chez le lapin (Kouba et al., 2008) et même chez le porc (Kouba et al., 2003). Cette étude a montré que la diminution du pourcentage des AGMI est due, du moins en partie, à la réduction de l'activité de la delta 9-désaturase.

III-4-3- Activité de la β-hydroxyacyl-Coenzyme A déshydrogénase (HAD)

Comme indiqué dans le tableau 20, la β-oxydation, estimée par l'activité de la β-HAD, a augmenté dans le muscle des lapins nourris avec un régime de graines de lin. Des études précédentes ont également montré l'augmentation de la β-oxydation au niveau des tissus adipeux chez les souris dont le régime est supplémenté en EPA et DHA (Flachs et al., 2005).

Il est, en effet, connu que les AGPI favorisent la transcription de la régulation de l'oxydation des acides gras, à travers l'activation du PPAR (Peroxysome proliferator-activated receptor) (Mori et al., 2007).

III-5- Effet du régime sur la composition en acides gras des différents tissus

III-5-1- Composition en AG du *Longissimus dorsi*, du foie, de l'épaule et de la cuisse

Comme indiqué dans le tableau 21, la proportion des AGMI diminue et celle des AGPI augmente avec l'incorporation des graines de lin dans l'aliment ; le pourcentage des AGS, quant à lui, n'a pas été affecté par la nature du régime, et ce, pour les deux tissus analysés.

L'aide arachidonique (C20 :4 n-6), aussi bien au niveau du LD que dans le foie, n'a pas n'a pas subi d'influence du régime (P > 0,05). Les précurseurs des deux séries d'oméga 6 et 3, l'acide linoléique et l'acide alpha-linolénique, sont significativement plus abondants dans les tissus des animaux nourris avec du lin comparativement aux témoins.

Les acides gras dérivés d'ALA, notamment l'EPA, DPA et DHA, dans les deux sites, suivent la même tendance que ce dernier, puisque leurs proportions augmentent significativement avec le régime à base de graines de lin. Et si l'ALA est plus abondant dans le LD, ses dérivés à longue chaîne sont, eux, plus importants dans le foie.

Le rapport LA / ALA est, lui, significativement (P < 0,001) plus bas au niveau du *Longissimus dorsi* avec l'aliment lin alors que dans le foie, aucune différence significative n'a été enregistrée. Cette étude a aussi montré une amélioration des rapports AGPI/AGS et LA/ALA dans les muscles et les tissus adipeux chez les animaux nourris à base de lin ; à l'inverse, le régime n'a pas eu d'effet sur ces ratios au niveau du foie. Cet effet favorable a déjà été rapporté dans d'autres travaux (Kouba et al., 2008).

Tableau 21 : Composition en acides gras du LD et du foie en fonction du régime (en % des AG totaux)

Régime	*Longissimus dorsi* (LD)				Foie			
	Témoin	Lin	ETR	R	Témoin	Lin	ETR	R
∑AGS	33,17	32,38	1,95	NS	37,40	38,99	1,68	NS
∑AGMI	37,10	27,54	1,05	***	20,79	17,47	1,79	***
∑AGPI	29,73	40,08	1,86	***	41,81	43,74	1,58	*
C18:2 n-6	18,00	22,78	1,29	***	24,23	28,04	2,21	**
C20:4 n-6	0,31	0,28	0,04	NS	6,29	4,28	2,5	NS
C18:3 n-3	9,41	14,95	0,47	***	5,53	6,70	1,01	*
C20:5 n-3	0,25	0,30	0,04	*	0,95	1,34	0,22	*
C22:5 n-3	0,76	0,85	0,07	*	1,23	1,33	0,08	*
C22:6 n-3	0,19	0,26	0,07	*	0,69	0,75	0,11	*
∑n-6	18,48	23,25	1,33	***	32,53	33,44	1,66	NS
∑n-3	11,03	16,57	0,59	***	8,80	10,12	1,12	*
LA/ALA	1,91	1,52	0,06	***	4,40	4,19	0,64	NS

AGS, AGMI et AGPI : acides gras saturés, monoinsaturés et polyinsaturés. **LA/ALA :** acide linoléique/acide α-linolénique. NS : différence non significative (P > 0,05). *P < 0,05 ; ** P < 0,01 ; *** P < 0,001.

La teneur en lipides est différente d'un tissu à l'autre, et par conséquent, la teneur en ALA et ses dérivés à longue chaîne (EPA, DPA et DHA) l'est également (figures 19, 20, 21 et 22). Ainsi donc, les plus grandes valeurs des différents acides gras n-3 sont enregistrées avec l'épaule devant la cuisse et davantage le LD.

Comme l'indiquent les figures, la distribution du régime lin aux animaux permet d'augmenter la proportion des AG n-3 dans la carcasse.

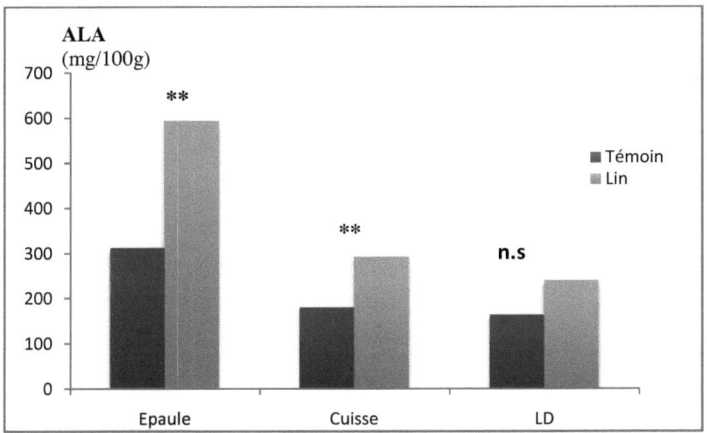

Figure 19 : **Quantité en mg/100 g d'ALA des différents morceaux analysés.**

Contrairement à sa proportion en pourcentage d'AG identifiés (voir publication 2), la teneur en mg / 100 g de tissu au niveau du muscle LD ne présente pas de différence significative entre les deux lots d'animaux, même si l'avantage est toujours à la faveur des lapins ayant consommé des graines de lin extrudées.

Concernant les deux autres tissus, les teneurs en ALA aussi bien de l'épaule que de la cuisse sont significativement plus grandes ($P < 0,01$) pour les animaux nourris à base de graines de lin. Ainsi, d'un point de vue nutritionnel, nos résultats sont intéressants puisque l'augmentation de la quantité d'ALA entraîne celle de ses dérivés à longue chaîne, qui sont les précurseurs de médiateurs oxygénés intervenant dans la prévention d'un certain nombre de maladies chez l'Homme.

On constate donc que les proportions des AG n-3 à longue chaîne sont augmentées significativement dans certains tissus, notamment concernant le DPA dont la teneur est améliorée dans la quasi-totalité des muscles étudiés. Les deux acides gras les plus importants sur le plan physiologique, l'EPA et le DHA notamment, n'augmentent pas ou peu dans la carcasse, et ce, plus particulièrement pour le dernier.

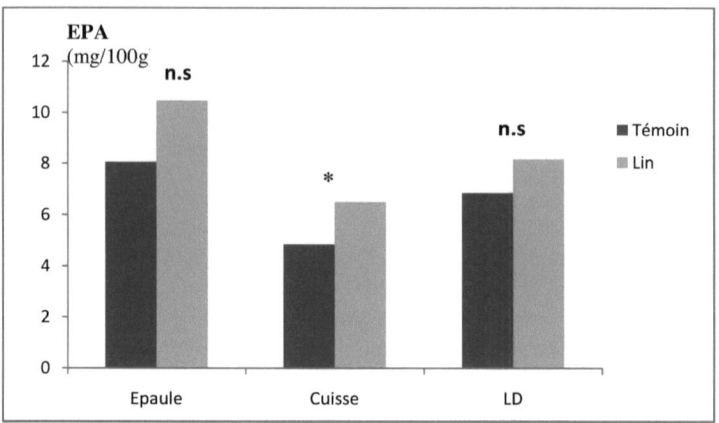

Figure 20 : Quantité en mg/100 g d'EPA des différents morceaux analysés.

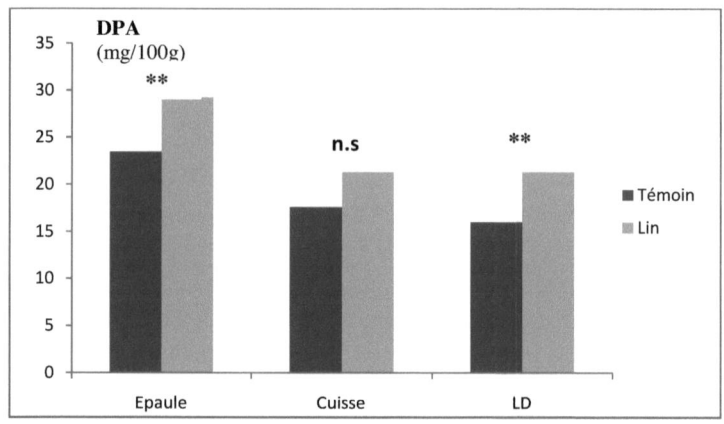

Figure 21 : Quantité en mg/100 g de DPA des différents morceaux analysés.

Il est admis, en effet, que chez le lapin, le taux de conversion de l'ALA (C18 :3 n-3) en ses dérivés à longue chaîne est très limité, plus particulièrement en DHA. La viande de lapin est pauvre en EPA et en DHA (Ramírez et al., 2005). Seule l'épaule a enregistré une augmentation significative de sa teneur en cet acide gras (figure 23).

Etude II

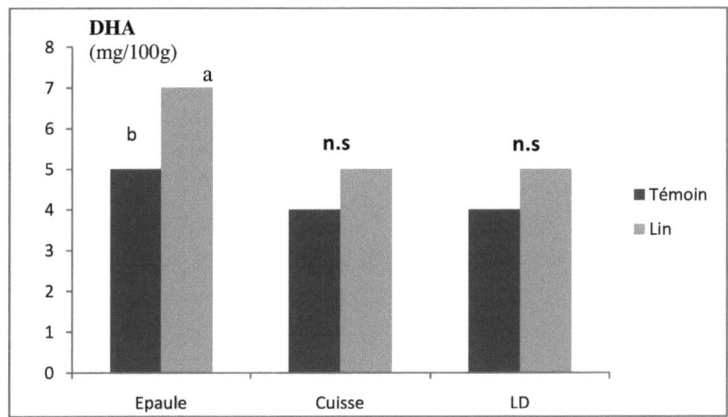

Figure 22 : **Quantité en mg/100 g de DHA des différents morceaux analysés.**

La période de distribution et la quantité d'aliment enrichi en graines de lin peuvent être des paramètres importants de variation des teneurs en ces AG n-3, vu la grande malléabilité de la composition des lipides du lapin. Ceci est la conséquence d'une faible lipogenèse endogène chez cet animal, qui fixe de préférence les acides gras qui sont fournis par son alimentation. Ainsi, l'augmentation de 1 % d'ALA dans l'aliment entraîne une augmentation de +1,3% d'ALA dans la viande de lapin (Lebas, 2007).

III-5-2- Composition en AG des gras interscapulaire et périrénal

La composition en acides gras des tissus adipeux interscapulaire et périrénal est consignée dans le tableau 22. Le pourcentage des AGS n'est pas affecté par la nature de l'aiment dans les deux sites considérés. Comme pour le LD et le foie, la proportion de l'acide arachidonique n'enregistre aucune différence significative pour le gras périrénal, alors qu'il existe un effet régime (P < 0,01) au niveau de l'interscapulaire.

Les proportions des acides gras dérivés de l'acide alpha-linolénique, même si elles n'atteignent pas les valeurs enregistrées pour le foie et le LD, sont significativement plus importantes avec le régime à base de lin, et ce, pour les deux gras. L'ensemble des AG n-6 et des AG n-3 suivent également la même tendance.

Cette étude a aussi montré une amélioration des rapports AGPI/AGS et LA/ALA dans les muscles et les tissus adipeux chez les animaux nourris à base de lin ; toutefois, le régime n'a pas eu d'effet sur ces ratios au niveau du foie. Cet effet favorable a déjà été rapporté dans d'autres travaux (Kouba et al., 2008).

Ainsi, nos résultants montrent que l'enrichissement du régime avec des grains de lin extrudées, forte source d'AGPI n-3, conduit à augmenter le dépôt de ces derniers aussi bien dans les muscles que dans les tissus adipeux, résultats conformes à ceux déjà trouvés toujours chez cet animal (Bernardini et al., 1999 ; Dal Bosco et al., 2004 ; Combes et Cauquil, 2006a ; Petracci et al., 2009). Cette déduction a été également enregistrée chez le porc (Enser et al., 2000) et chez le poulet (Crespo et Esteve-Garcia, 2002).

Tableau 22 : **Composition en acides gras des gras interscapulaire et périrénal (en % des AG totaux)**

Régime	Gras interscapulaire				Gras périrénal			
	Témoin	Lin	ETR	R	Témoin	Lin	ETR	R
∑AGS	32,61	33,67	2,41	NS	32,16	31,02	2,87	NS
∑AGMI	38,16	26,53	1,55	***	39,26	27,65	1,88	***
∑AGPI	29,23	39,80	1,56	***	28,58	41,33	1,85	***
C18:2 n-6	17,35	22,66	0,84	***	17,23	23,76	1,35	***
C20:4 n-6	0,48	0,15	0,19	**	0,32	0,27	0,08	NS
C18:3 n-3	10,05	15,23	0,66	***	9,86	16,07	0,85	***
C20:5 n-3	0,20	0,29	0,07	*	0,14	0,17	0,02	*
C22:5 n-3	0,21	0,34	0,07	**	0,23	0,19	0,03	*
C22:6 n-3	0,04	0,08	0,03	*	0,03	0,06	0,02	**
∑n-6	18,04	23,16	0,84	***	17,79	24,23	1,31	***
∑n-3	10,94	16,38	0,87	***	10,57	16,88	0,75	***
LA/ALA	1,73	1,49	0,09	***	1,76	1,48	0,09	**

AGS, AGMI et AGPI : acides gras saturés, monoinsaturés et polyinsaturés. LA/ALA : acide linoléique/acide α-linolénique. NS : différence non significative ($P > 0,05$). *$P < 0,05$; ** $P < 0,01$; *** $P < 0,001$.

Etude II

III-5-3- Composition en AG polaires et non polaires du *Longissimus dorsi*

Cette composition est résumée dans le tableau 23. L'ensemble des acides gras polaires et non polaires, à l'exception de l'acide arachidonique pour les deux sites et l'acide linoléique pour les lipides polaires, sont affectés par la nature du régime. Les proportions des AGS et des AGPI sont significativement plus importantes avec le régime à base de graines de lin extrudées aussi bien dans la part des acides gras polaires que non polaires.

<u>Tableau 23 :</u> Composition en acides gras (AG) polaires et non polaires (en % des AG totaux) *du Longissimus dorsi*

	AG polaires				AG non polaires			
Régime	Témoin	Lin	ETR	R	Témoin	Lin	ETR	R
∑AGS	31,30	32,32	0,36	**	31,87	33,02	1,29	*
∑AGMI	26,65	23,55	0,58	***	39,92	26,95	1,27	***
∑AGPI	42,05	44,13	0,88	**	28,21	40,03	2,46	***
C18:2 n-6	21,42	22,05	1,15	NS	15,91	21,75	1,25	***
C20:4 n-6	8,72	8,43	0,65	NS	1,01	1,23	0,23	NS
C18:3 n-3	1,93	2,44	0,3	*	9,53	14,62	0,62	***
C20:5 n-3	1,30	1,50	0,09	**	0,32	0,48	0,12	*
C22:5 n-3	4,01	5,11	0,35	***	0,61	0,93	0,23	*
C22:6 n-3	0,89	1,14	0,16	*	0,11	0,18	0,05	*
∑n-6	33,24	33,26	0,91	NS	16,61	22,58	1,31	***
∑n-3	8,56	10,60	0,37	***	11,20	17,05	0,98	***
LA/ALA	3,90	3,14	0,22	**	1,48	1,33	0,04	**

AGS, AGMI et AGPI : acides gras saturés, monoinsaturés et polyinsaturés. LA/ALA : acide linoléique/acide α-linolénique. NS : différence non significative ($P > 0,05$). *$P < 0,05$; ** $P < 0,01$; *** $P < 0,001$.

L'ensemble des acides gras polaires et non polaires, à l'exception de l'acide arachidonique pour les deux sites et l'acide linoléique pour les lipides polaires, sont affectés par la nature du régime. Les proportions des AGS et des AGPI sont significativement plus importantes avec le régime à base de graines de lin extrudées aussi bien dans la part des acides gras polaires que non polaires.

Toutefois, la part des AGMI a significativement ($P < 0,001$) diminué avec ce dernier régime pour les deux catégories des AG. Les acides gras dérivés d'ALA sont plus présents dans les lipides polaires que les non polaires. Ceci peut s'expliquer par le fait que ces dérivés à longue chaîne sont des constituants importants des membranes cellulaires, à l'image du DHA, qui constitue avec l'acide arachidonique les principaux AGPI de la structure membranaire, à laquelle ils confèrent ses caractéristiques de fluidité.

III-6- Effet du régime sur la peroxydation des tissus analysés

Concernant la peroxydation des lipides, particulièrement chez le lapin, elle est surtout due à la grande susceptibilité des AGPI à l'oxydation, puisque la caractéristique de la viande de cet animal est d'être bien pourvue en cette catégorie d'acides gras. Et le nourrir avec un aliment à base de graines de lin extrudées accroît davantage la proportion de ces acides gras qui seront déposés dans la carcasse, ce qui explique les fortes valeurs TBARS enregistrées lors de cet essai aussi bien au niveau des muscles (figures 23 et 24) que des tissus adipeux (figure 25).

Cette tendance est la même que celle donnée par Kouba et al. (2008) et Petracci et al. (2009). Nos résultats ont montré que l'épaule est plus susceptible à l'oxydation que la cuisse, sachant que la première est plus grasse et mieux pourvue en AGPI (annexe 6).

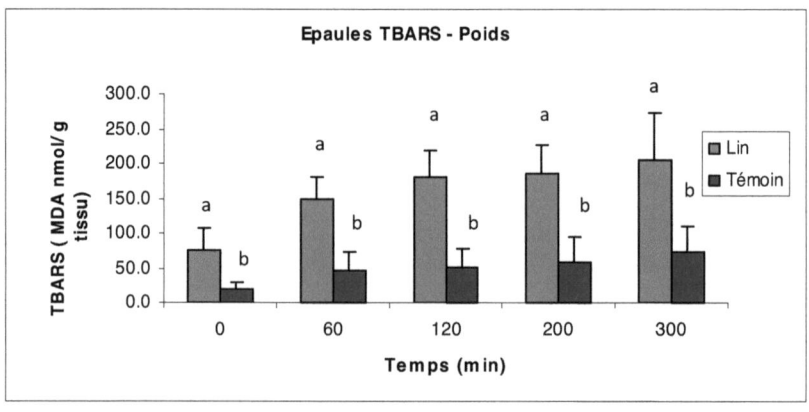

Figure 23 : **Peroxydation des lipides de l'épaule.**

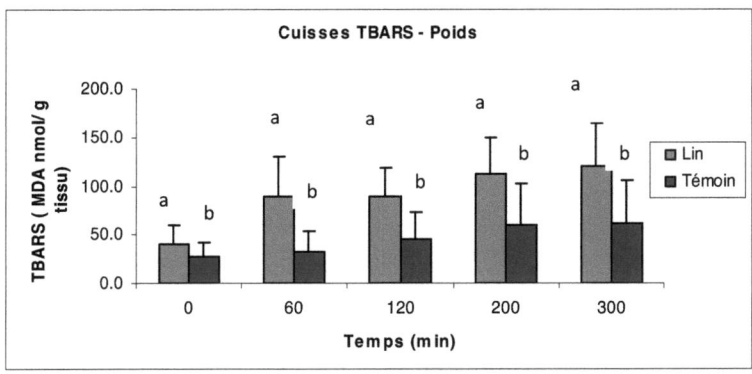

Figure 24 : **Peroxydation des lipides de la cuisse.**

Comparativement au lot témoin, les animaux ayant consommé le régime à base de lin présentent une susceptibilité à l'oxydation de leurs lipides plus importante, même si pour la cuisse la différence n'atteigne pas le seuil de signification.

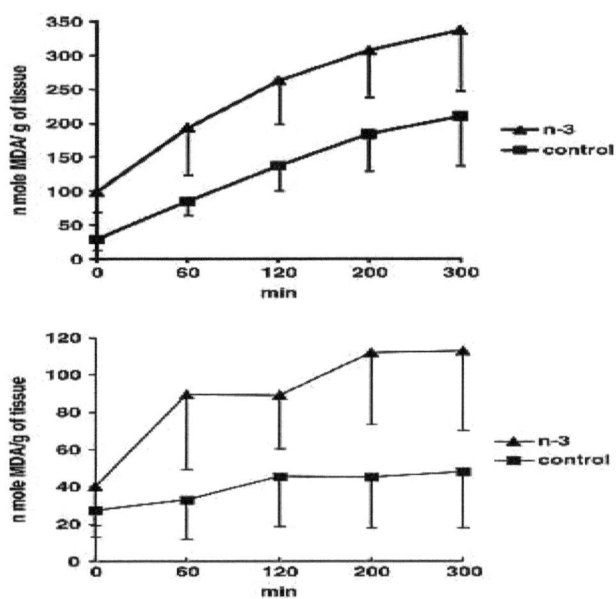

Figure 25 : **Peroxydation des lipides du gras périrénal et du *Longissimus dorsi* en fonction du régime.**

Etude II

La comparaison du potentiel de peroxydation entre le tissu adipeux, gras périrénal, et le muscle *Longissimus dorsi* a montré que les lipides du gras sont plus susceptibles ($P < 0,001$) à l'oxydation que ceux du muscle, et cela peut s'expliquer par la plus forte teneur en lipides, notamment en AGPI du premier par rapport au second. Cette observation a été également notée chez le mini-porc Guizhou (Yang et al., 2010).

Un certain nombre de travaux mentionnent le rôle important que joue la vitamine E dans la prévention de ce processus de peroxydation des lipides de la viande et dans l'enrichissement de cette dernière en cette vitamine qui s'y déposera (Dal Bosco et al., 2004). Cependant, il paraît que la quantité de cette vitamine (30 mg / kg d'aliment) soit insuffisante pour assurer une certaine stabilité de l'oxydation des lipides de la viande.

Ainsi, nos résultats diffèrent de ceux obtenus par Dal Bosco et al. (2004), qui ont trouvé que les valeurs TBARS du LD étaient significativement plus faibles chez les lapins nourris avec un régime enrichi en AGPI n-3. Ceci pourrait s'expliquer par le fait que ces auteurs ont utilisé des doses de la vitamine E plus élevées dans le régime alimentaire à base de lin (74 ou 289 mg / kg), d'où l'augmentation de la teneur des tissus des lapins en cette vitamine, comme cela a été démontré par Oriani et al. (2001).

En effet, un grand nombre de travaux mettent en relief l'effet antagoniste de cette dernière sur la peroxydation des lipides, puisqu'elle agit comme antioxydant. Il paraît donc que la quantité de cette vitamine (30 mg / kg d'aliment) utilisée dans notre essai soit insuffisante pour assurer une certaine stabilité de l'oxydation des lipides de la viande.

III-7- Effet du régime sur la teneur en cholestérol des muscles

La figure 26 donne la quantité de cholestérol enregistrée dans différents tissus analysés.

Etude II

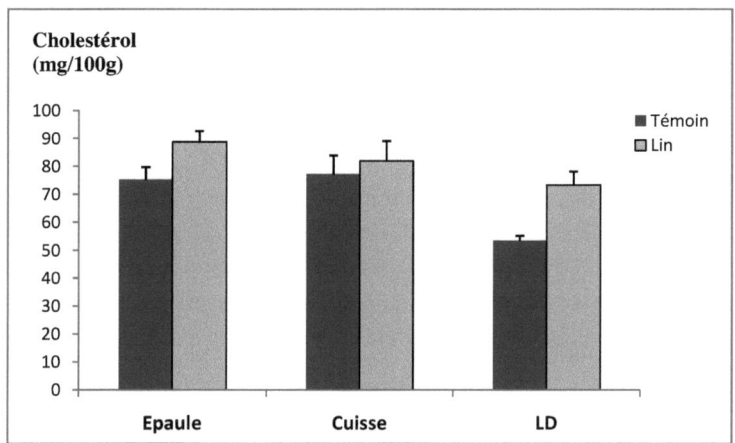

Figure 26 : **Teneur en cholestérol des différents morceaux analysés.**

On constate que les teneurs en cholestérol enregistrées sont différentes pour les trois morceaux considérés. Le *Longissimus dorsi* (LD) enregistre la plus faible teneur par rapport aux deux autres tissus. Ainsi, cette teneur varie en fonction de la partie considérée (Alasnier et al., 1996). Les valeurs enregistrées lors de notre essai sont, toutefois, plus élevées à la teneur moyenne donnée par Combes (2004) pour la viande de lapin qui est de 59 mg /100 g.

Cette teneur classe la chair de cet animal comme la plus pauvre en cholestérol comparativement à d'autres espèces : taurillon (70 mg/100 g de viande) et poulet (81 mg), selon Dalle Zotte (2004). Cet argument est favorable à la viande de lapin, pour ceux qui souffrent d'athéromes artériels ou qui appartiennent aux groupes à risque. Toutefois, même lorsque le taux de cholestérol est faible, des oxydes de cholestérol (COPs) peuvent se former lors des conservations incorrectes ; ces oxydes sont athérogéniques et, semble-t-il, possèdent des propriétés mutagéniques, carcinogéniques et cytotoxiques (Dalle Zotte, 2004).

Nos résultats indiquent une valeur plus basse pour le LD par rapport à la cuisse et davantage à l'épaule (figure 19). Cette tendance suit la teneur en lipides des tissus analysés (annexe 6). A signaler que pour le LD, la valeur enregistrée pour le lot témoin (53,5 mg) est pratiquement identique à celle donnée par Dal Bosco et al. (2001) et Dal Bosco et al. (2004) (50 mg) pour le *Longissimus lumborum* (LL).

Bien que ce composé lipide joue un rôle central dans de nombreux processus biochimiques, à un taux élevé dans l'organisme, il peut entraîner la formation des calculs biliaires ou constituer un facteur de risque de l'athérosclérose.

En effet, des études épidémiologiques ont permis de montrer que l'excès de mauvais cholestérol et le manque de bon cholestérol étaient des facteurs de risque de maladies cardiovasculaires. Et la diminution du taux de cholestérol entraîne une baisse significative de l'incidence des crises cardiaques. Ainsi, une baisse de 1 % du cholestérol réduit le risque coronarien de 2 à 3 %.

III-8- Conclusion

En conclusion, on peut dire que cette présente étude, à l'image de la précédente, n'a pas révélé d'effet de la nature du régime sur les performances de croissance ni les caractéristiques de la carcasse des lapins.

Les ratios AGPI / AGS et LA / ALA sont plus favorables avec le régime à base de graines de lin extrudées, puisqu'ils diminuent significativement. Ainsi, nourrir ces animaux avec un aliment à base de ces graines s'avère être un bon moyen d'augmenter la proportion des acides gras n-3 bénéfiques à la santé humaine, rendant de la sorte davantage meilleure sa viande sur le plan nutritionnel pour répondre favorablement aux recommandations nutritionnelles, qui préconisent d'augmenter la consommation de ces AGPI n-3.

Concernant la delta 9-désaturase, la présente étude suggère qu'elle soit impliquée dans la régulation de la teneur en AGMI et améliore la qualité du tissu adipeux chez le lapin. Une meilleure connaissance de la manière avec laquelle agit cette enzyme peut nous amener à améliorer davantage la qualité de la viande de cet animal.

ETUDE III

Effet de l'apport de différentes doses de l'acide alpha-linolénique sur les principaux acides gras déposés dans la carcasse du lapin et les pièces de découpe

I- Introduction

L'évolution des productions agricoles au cours des soixante dernières années ont eu des répercussions sur les modes alimentaires chez l'Homme et également sur l'alimentation des animaux. Actuellement, les recommandations en nutrition humaine vont dans le sens d'une diminution globale de la part des lipides de notre alimentation et d'un rééquilibrage de la composition en acides gras.

En particulier, il faut diminuer la part des acides gras saturés, mais également celle des acides gras de la famille n-6 et augmenter celle de la famille n-3, que ce soit le précurseur C18 :3 n-3 ou ses dérivés à longue chaîne, l'acide eicosapentaénoïque (EPA ; C 20 : 5 n-3) et l'acide docosahexaénoïque (DHA ; C22 : 6 n-3).

Concernant les AGPI n-3, il existe une faible transformation du précurseur ALA en ses dérivés à longue chaîne (Hermier, 2010 ; Simopoulos, 2010), en raison des compétitions entre les deux séries d'AG n-6 et les n-3 au niveau des désaturases, notamment la $\Delta 5$ et la $\Delta 6$, qui interviennent dans le métabolisme de ces deux familles d'acides gras (Stoffel et al., 2008).

La delta 6-désaturase est l'enzyme limitante de cette réaction, car c'est elle qui commence la synthèse des dérivés à longue chaîne des deux séries d'AG. Dans le cas d'apport massif de n-3 dans l'alimentation, il est intéressant de savoir si cet apport peut avoir des conséquences sur les acides gras d'intérêt chez l'homme cités précédemment. Des études ont été réalisées en ce sens à l'AFSSA pour les produits laitiers et les viandes porcines, bovines et de volailles. Toutefois, en raison de sa faible consommation, celle du lapin n'a pas été prise en considération.

C'est ainsi, que cette étude se veut être une contribution à mieux rendre compte du degré d'influence d'un apport massif en acides gras oméga 3 sur particulièrement la composition biochimique de la carcasse de cet animal. Il est admis que la viande de lapin jouit d'une réputation positive dans les mondes médical et diététique, car elle est peu grasse.

Ceci est en partie vrai quand on compare la teneur en lipides d'un muscle paré comme le *Longissimus dorsi*, qui contient moins de 2 % de lipides contre 4 à 5 % pour un muscle équivalent chez le bovin viande ; mais cette teneur augmente fortement lorsque l'on considère les pièces de découpe vendues en barquettes comme la gigolette ou le râble, où les teneurs en lipides dépassent 8 à 10 % (Ouhayoun, 1989).

Comme tous les animaux monogastriques, la qualité nutritionnelle des acides gras déposés dans la viande de lapin est fortement influencée par la nature des lipides que cet animal ingère (Mourot, 2001). L'aliment standard du lapin comporte une part importante de luzerne, ce qui induit une teneur élevée en acides gras n-3 dans sa viande (Combes, 2004) et un rapport C18 :2 n-6 / C18 :3 n-3 plus bas que chez les autres animaux monogastriques.

Comme pour la plupart des autres espèces animales, des études sont menées pour essayer d'augmenter la proportion des acides gras n-3 dans la viande de lapin pour répondre aux recommandations de l'AFSSA qui, par les ANC (2001) (et la nouvelle version de 2010), qui préconisent en alimentation humaine de consommer davantage de ces acides gras bénéfiques.

Même si la viande de lapin ne représente qu'une part limitée dans la consommation des produits carnés, une augmentation de la teneur en AGPI n-3 de cette viande peut contribuer à fournir davantage de ces acides AG à l'alimentation humaine. Des études précédentes (Colin, 2005 ; Kouba et al., 2008) ont montré qu'il était possible d'accroître la teneur en AG n-3 en introduisant des graines de lin extrudées riches en ces acides gras dans l'aliment de ces animaux.

Ainsi et selon les différentes études, la teneur est multipliée par 3 à 4, mais il apparaît que c'est essentiellement le précurseur, l'acide alpha-linolénique (C18 :3 n-3 ; ALA), qui est retrouvé dans la viande ; les acides gras à longue chaîne n-3 (AGPI-LC) étant peu augmentés comme l'EPA (C20 :5 n-3) ou le DPA (C22 :5 n-3) ou inchangés comme le DHA (C22 :6 n-3). Ceci confirme donc le faible taux de conversion d'ALA en ses dérivés à longue chaîne chez le lapin, comme chez la plupart des animaux terrestres ou aquatiques (Alessandri, 2009).

L'objectif de cette étude est de voir, à travers un ensemble d'études réalisées au laboratoire sur cet animal, l'impact d'un apport accru en ALA sur la biodisponibilité de ses dérivés à longue chaîne, l'EPA (C20 : 5 n-3), DPA (C22 : 5 n-3) et DHA (C22 : 6 n-3), qui présentent un grand intérêt pour la santé de l'homme.

Etude III

Nous allons essayer de déterminer les corrélations qui existent entre les quantités de ALA ingérées pendant les 6 dernières semaines de vie de l'animal et les acides gras (cités précédemment). Nous le ferons pour la carcasse entière et pour les pièces de découpe.

II- Matériel et méthodes

Les 180 lapins utilisés sont issus d'élevages certifiés. Ils ont reçu des aliments contenant plus ou moins de précurseur n-3 (ALA), apportés par la luzerne et par les graines de lin extrudées (Tradi-Lin®). Les teneurs variaient entre 1,5 et 6,8 g d'ALA par kg d'aliment. Les consommations d'aliment ont été enregistrées pour les animaux et, par conséquent, la consommation globale d'ALA pendant la période de la distribution des régimes a été déterminée.

A l'abattage, à 11 semaines d'âge, les carcasses ont été découpées et des échantillons (gigolettes, râbles et cuisses) ont été prélevés puis conservés à -20°C en vue d'analyses ultérieures. Les différentes méthodes d'analyse adoptées pour les différentes études sont les mêmes que celles décrites pour les deux travaux précédents (voir partie « Matériel et méthodes »).

Aussi bien pour la carcasse que pour les pièces de découpe, les paramètres étudiés sont : les lipides totaux (LT) qui sont déterminés par la méthode de Folch et al. (1957), les acides gras saturés (AGS), l'acide linoléique (LA), l'acide alpha-linolénique (ALA), l'acide eicosapentaénoïque (EPA), l'acide docosapentaénoïque (DPA) et l'acide docosahexaénoïque (DHA). Le profil des différents acides gras étant déterminé par la chromatographie en phase gazeuse (CPG), après saponification et méthylation des lipides, selon Morrison et Smith (1964).

Une corrélation est établie entre la quantité d'ALA, EPA, DPA et DHA contenue dans chaque morceau de découpe et dans la carcasse en fonction de la quantité d'ALA ingérée par l'animal. Ces corrélations sont également établies pour tous les AG et la teneur en lipides totaux. Pour la carcasse, on rapporte les figures et pour les pièces de découpe on dressera un tableau avec les équations de corrélation et les coefficients de détermination R^2.

III- Résultats et discussion

Les résultats de ce travail ont fait l'objet d'une communication affichée avec acte publié : « Effet de l'apport de graines de lin dans le régime sur la qualité nutritionnelle de la viande de lapin ». 13èmes Journées des Sciences du

Muscle et Technologie des Viandes, Clermont-Ferrand, les 19 et 20 octobre, 2010. Viandes et Produits Carnés, Hors-Série : 13èmes JSMTV, pp : 53-54.

III-1- Performances de croissance des animaux

Le tableau 24 résume l'ensemble de ces performances de croissance des lapins. Le régime n'affecte pas la croissance et les caractéristiques des carcasses des animaux.

Tableau 24 : Performances zootechniques réalisées par les deux lots (R : effet régime)

Paramètres	Contrôle	ALA	R
Gain moyen quotidien (g/l)	43	42	NS
Poids au début de l'expérience (g)	1046	1074	NS
Poids vif à l'abattage (g)	2546	2557	NS
Poids de la carcasse chaude (g)	1453	1455	NS
Indice de consommation	3.07	3.20	NS

*NS : Non significatif.

Cette étude montre que le poids de la carcasse des animaux n'est pas différent selon les traitements. Il semble donc qu'il n'existe pas d'effet de l'apport d'AGPI n-3 sur les performances de croissance des animaux ni sur la composition corporelle à l'image de travaux précédents chez le lapin (Bernardini et al., 1999 ; Dal Bosco et al., 2004 ; Kouba et al., 2008), chez le porc (Kouba et Mourot, 1999 ; Bee et al., 2002 ; Corino et al., 2008) et chez le bœuf (Scollan et al., 2001).

Résultats confirmés également dans les deux premières études de notre travail, mais qui contrastent avec ceux de Colin et al. (2005), qui ont remarqué que la croissance était significativement réduite en présence de graines de lin extrudées (36,4 *vs* 38,2 g/j) par rapport au témoin.

III-2- Teneur en lipides totaux

Le pourcentage des lipides des tissus analysés est donné dans le tableau 25.

Tableau 25 : Teneur en lipides totaux des différents tissus analysés (%)

Tissus	Contrôle	ALA	ETR	R
Long dorsal (LD)	1,20	1,30	0,19	NS
Semi-membraneux (SM)	1,10	1,30	0,19	NS
Gras périrénal	73,9	74,7	3,1	NS

*NS : Non significatif ; ETR : Ecart-type résiduel ; R : Effet régime.

Comme indiqué dans le tableau 26, la teneur en lipides totaux des différents tissus analysés ne semble pas avoir été influencée par la nature du régime. Ainsi, même si le pourcentage des lipides est légèrement inférieur chez les animaux nourris à base de graines de lin, la différence cependant n'atteint pas le seuil de signification. Cette tendance est conforme à celle déjà observée par d'autres auteurs chez le lapin (Kouba et al., 2008) et le porc (Kouba et Mourot, 1999 ; Kouba et al., 2003 , Haak et al., 2008).

Cette absence d'effet du régime sur la teneur en lipides pourrait s'expliquer par le fait que les enzymes de la lipogenèse ne sont pas affectées par la nature des régimes, comme démontré dans l'étude II, notamment au niveau du muscle LD. Or, d'après Mourot et al. (1999), l'importance de la teneur en lipides dépend du degré d'intensité de l'activité des enzymes lipogéniques, notamment celle de l'enzyme malique. En effet, plus cette dernière est active plus la quantité de lipides synthétisée est importante.

III-3- Influence du régime enrichi en ALA sur le dépôt des lipides et des AGPI-LC

L'étude des corrélations entre les quantités du précurseur n-3 (ALA) ingérées et les dépôts des lipides totaux (LT), d'acides gras saturés (AGS), de l'acide linoléique (LA), et les AGPI-LC au niveau de la carcasse des animaux a donné les résultats représentés par les figures 27, 28, 29 et 30.

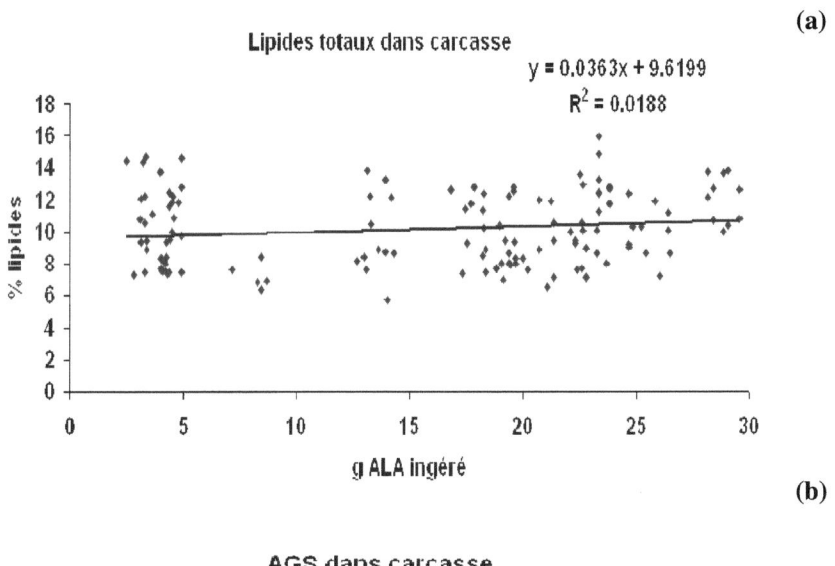

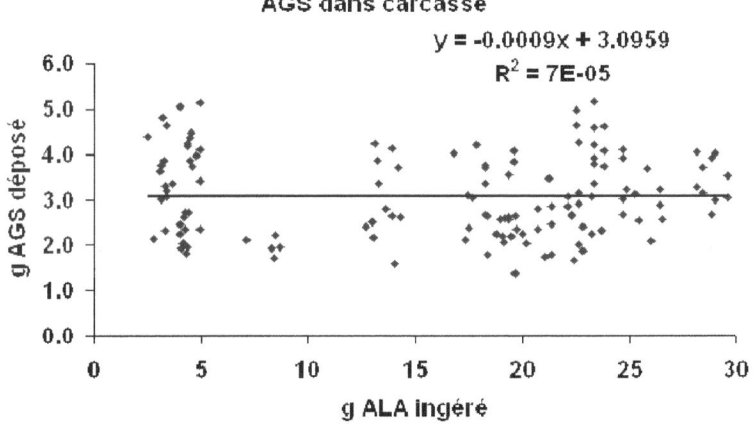

Figure 27 : **Relation entre la quantité d'ALA ingéré (g/j) et la teneur en lipides (a) et en AGS (b) de la carcasse.**

Les résultats obtenus ne montrent pas de corrélation entre la teneur en lipides totaux des morceaux et la quantité d'ALA ingéré (figure 27a). Il en est de même pour les acides gras saturés (AGS) (figure 27b) et de l'acide linoléique (C18 : 2 n-6) (figure 28a). Au contraire, la proportion d'ALA dans la viande augmente avec celle ingérée (figure 28b).

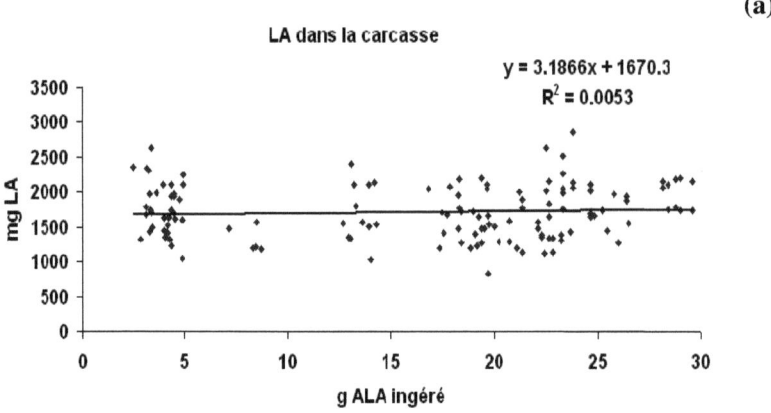

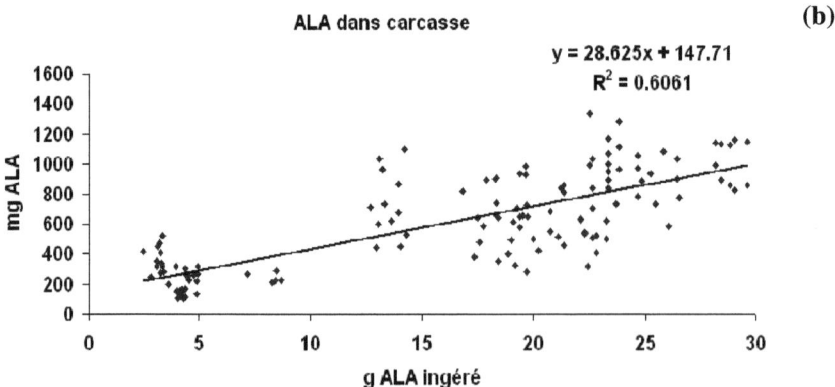

Figure 28 : **Relation entre la quantité d'ALA ingéré (g/j) et la teneur en LA (a) et en ALA (b) de la carcasse.**

Cette dernière tendance a déjà été observée par d'autres auteurs aussi bien chez le lapin (Xiccato, 1999 ; Kouba et al., 2008), le porc (Guillevic et al., 2009a ; Kouba et al., 2003) que chez le poulet (Lopez-Ferrer et al., 2001 ; Crespo et Esteve-Garcia, 2002). Ce travail confirme donc la corrélation positive entre les AGPI n-3 ingérée et ceux déposés dans la carcasse des animaux.

De même, plusieurs travaux ont confirmé la relation étroite entre la quantité d'acide alpha-linolénique (ALA) ingérée par le lapin et la proportion de cet acide gras déposée dans sa viande. Ainsi, quelle que soit la source du précurseur des oméga 3 employée (luzerne ou graines de lin extrudées) ou la teneur en lipides de la ration, la teneur en ALA de la viande augmente en moyenne d'au moins 1,3 g/kg lorsque la teneur dans l'aliment augmente de 1,0 g / kg (R^2 = 0,98) (Colin et al., 2005 ; Gigaud et Le Cren, 2006 ; Combes et Cauquil, 2006b).

Ainsi, l'incorporation de 40 % de luzerne dans le régime par rapport à une ration isofibreuse, isocalorique et isoprotéique de contrôle permet de multiplier par 50 la teneur en C18 : 3 n-3 de la ration et par plus de 2 celle de la viande (Bernardini et al., 1999 ; Castellini et al., 1999).

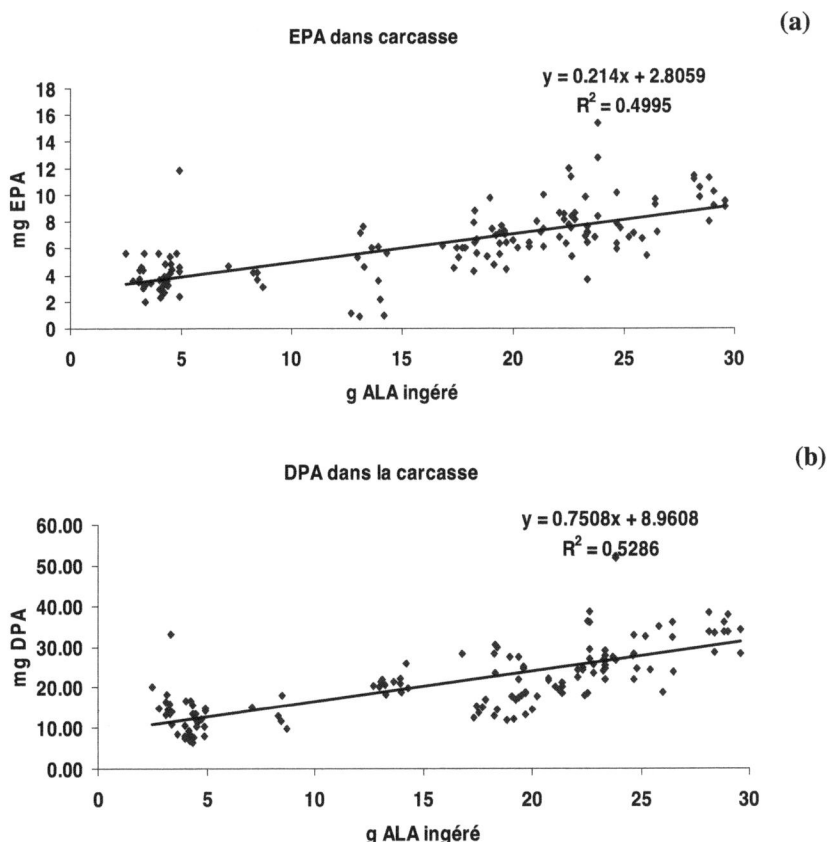

Figure 29 : **Relation entre la quantité d'ALA ingéré (g/j) et la teneur en EPA (a) et en DPA (b) de la carcasse.**

Etude III

En revanche, des corrélations plus ou moins fortes existent pour les AGPI n-3, notamment pour ALA et DPA. En effet, on constate que pour la quantité des deux dérivés EPA et DPA, la tendance est également une augmentation de leur dépôt en parallèle à un accroissement d'ALA dans le régime (figure 29 a et b). Toutefois, cet enrichissement ne se fait pas dans la même grandeur que celle observée avec le dépôt du précurseur (figure 28b). Ceci s'expliquerait par un taux de conversion assez limité de ce dernier en ses dérivés à longue chaîne, plus particulièrement le DHA (figure 30).

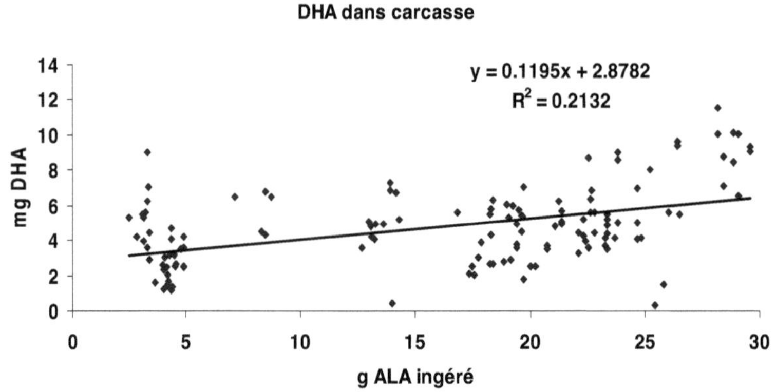

DHA dans carcasse

$y = 0.1195x + 2.8782$
$R^2 = 0.2132$

Figure 30 : Relation entre la quantité d'ALA ingéré (g/j) et la teneur de DHA de la carcasse.

En effet, chez le lapin, comme chez le reste des autres espèces animales et même l'homme, la transformation de l'acide alpha-linolénique en C22:6 n-3 (DHA) est très limitée (Martinod, 2011) (figure 31). Ceci pourrait s'expliquer par la compétition qui existe entre les enzymes, notamment la Δ6 et Δ5 désaturases, impliquées dans le métabolisme des deux séries d'AGPI n-6 et n-3.

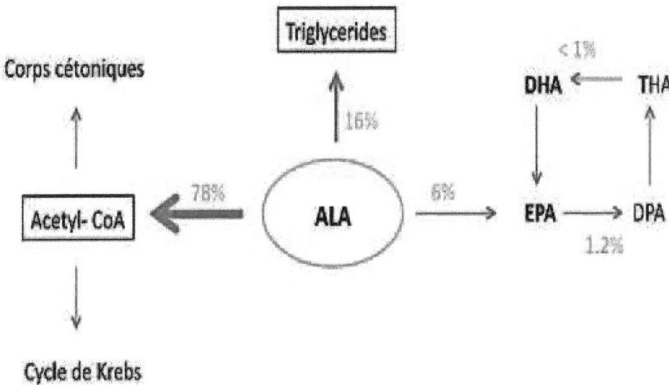

Figure 31 : **La conversion de l'acide α-linolénique (ALA) en ses homologues à longue chaîne, EPA et DHA (Martinod, 2011).**

Toutefois, même si le DHA est souvent indétectable dans les viandes de porc, de taurillon et de veau, il est présent de façon significative dans la viande de lapin (1,15 % en moyenne avec des variations allant de 0,02 à 5,58 % des AG totaux en fonction du régime alimentaire) et de poulet (0,66 % des AG totaux) (Dalle Zotte, 2004). La viande de lapin est susceptible de couvrir 33 et 28 % des ANC en DHA pour une femme et un homme respectivement.

Les équations des droites de corrélation et leur signification sont rapportées dans le tableau 26. Ainsi, pour l'ensemble des études, les teneurs en ALA déposées dans la cuisse variaient entre 28 et 530 mg / 100 g de viande. Pour la gigolette, ces teneurs oscillaient entre 100 et 1590 mg, et pour le râble entre 90 et 1510 mg.

Tableau 26 : Equations des droites de corrélation entre la quantité totale d'ALA ingéré (g) et la teneur en AG n-3 (mg / 100 g de viande) des différents morceaux de découpe

	Equation	R^2	Effet	Equation	R^2	Effet
	ALA			EPA		
Cuisse	9,403x + 39,74	0,54	P<0,001	0,119x + 2,06	0,27	P<0,01
Gigolette	30,09x + 211	0,50	P<0,001	0,226x + 6,45	0,04	NS
Râble	32,83x + 183	0,57	P<0,001	0,246x + 3,17	0,12	NS
	DPA			DHA		
Cuisse	0,4629x + 7,57	0,42	P<0,001	0,0667x + 2,28	0,08	NS
Gigolette	0,634x + 9,35	0,19	NS	0,0962x + 2,83	0,11	NS
Râble	0,86x + 6,77	0,57	P<0,001	0,0496x + 1,67	0,12	NS

Les proportions en ALA sont en relation avec la teneur en lipides totaux du morceau ; le pourcentage d'ALA exprimé par rapport aux acides gras totaux étant peu différent entre les morceaux. Ce qui expliquerait la faible teneur d'ALA déposée dans la cuisse par rapport aux deux autres morceaux (gigolette et râble), puisque c'est la portion la moins grasse.

En effet, les pattes avant (ou épaules ou gigolettes) et le râble sont les parties les plus grasses de la carcasse, alors que les cuisses constituent la partie la plus maigre (Ouhayoun et Delmas, 1989 ; Combes, 2004). La teneur en AG n-3 chez les animaux témoins est élevée par rapport à d'autres espèces animales en raison de la teneur importante en luzerne du régime. Avec l'introduction de graines de lin extrudées, la teneur en ALA est multipliée en moyenne par 2 dans la viande ($P < 0,001$).

Par exemple, pour la cuisse cette teneur en ALA passe de 4,0 à 7,8 % et pour le râble de 4,1 à 8,7%. Globalement avec le régime lin, la teneur en AG polyinsaturés de la viande augmente alors que la teneur en AG saturés diminue (2 à 3 points). La teneur en lipides des morceaux est également diminuée mais non significativement de 0,5 à 1,5 point selon les morceaux.

S'agissant des dérivés à longue chaîne de l'acide alpha-linolénique, la tendance est la même pour les trois acides gras n-3, l'EPA, DPA et le DHA, puisque leurs teneurs sont plus importantes dans le râble, vient ensuite la gigolette et enfin la cuisse, qui enregistre la plus faible proportion d'ALA. Concernant le dépôt des deux acides les plus importants sur les plans nutritionnel et sanitaire, à savoir l'EPA et la DHA, on remarque que l'augmentation de la quantité d'ALA dans les régimes des lapins n'a pas d'effet sur la quantité de ces deux acides gras déposés dans les différents morceaux analysés, exception faite de la cuise pour l'EPA, où l'effet est significatif ($P < 0,001$).

Cette dernière tendance a également été observée par Combes et Cauquil (2006a), en augmentant la quantité de luzerne déshydratée dans le régime, qui ont enregistré un léger accroissement, non significatif sur le plan statistique, du taux de DHA, alors que la teneur en EPA est passée de 0,01 à 0,13 % des AG totaux (effet significatif). Ainsi pour ces deux auteurs et Hernández (2008), une augmentation dans le régime du lapin de l'apport en C18:3n-3, précurseur de ces AGPI n-3 à longue chaîne, stimule leur biosynthèse. Toutefois, malgré l'enrichissement du régime en ALA, la viande de cet animal reste pauvre en EPA et DHA (Ramírez et al., 2005).

Ainsi donc, cette étude confirme également la faible capacité de désaturation et d'élongation en AGPI-LC n-3, notamment DHA, à partir du précurseur chez le lapin, à l'image d'autres travaux aussi bien chez le lapin (Kouba et al., 2008) que chez le porc (Cherian et Sim, 1995 ; Riley et al., 2000 ; Chilliard et al., 2008).

Ce faible taux de conversion d'ALA en ses dérivés à longue chaîne pourrait s'expliquer par le ralentissement ou l'inhibition de l'activité de la delta 6-désaturase, qui est négativement régulée par les dérivés finaux des AGPI (Nakamura et Nara, 2003). Sachant que cette enzyme est l'enzyme qui est à l'origine de la biosynthèse des AGPI-LC pour les deux séries d'oméga. L'effet inhibiteur de ces AGPI-LC agit également sur la Δ5-désaturase, qui est supprimée en leur présence (Cho et al., 1999 ; Nakamura et Nara, 2002).

Il faut aussi signaler que le précurseur de la série oméga 3, l'acide alpha-linolénique, est majoritairement oxydé en acétyl-CoA par la voie mitochondriale, tandis que seule une fraction minoritaire est convertie en DHA (Alessandri et al., 2009).

Pour pallier cet insuffisant dépôt des AGPI-LC, notamment du DHA, il est peut-être plus judicieux d'augmenter la durée de la distribution de l'aliment à base de graines de lin extrudées, puisqu'il paraît que chez le lapin, le profil en AG de sa carcasse fluctue avec le changement de la quantité et de la nature et des AG qu'il ingère. En effet, selon Szabo et al. (2004), il existe chez cet animal une réversibilité des profils en acides gras de sa viande quand les proportions en AG dans le régime consommé sont modifiées.

Ainsi, un apport de 0,4% d'ALA dans l'alimentation des lapins en croissance permet d'obtenir une viande contenant plus de 0,6% d'ALA, pouvant donc bénéficier de la qualification « riche en acides gras oméga 3 » puisque 100 g de cette viande couvrent plus de 30% des ANC pour l'homme (AFSSA, 2003) (annexe 8).

Un apport plus modeste de 0,2% d'ALA, facilement obtenu avec une ration contenant 20 à 25% de luzerne déshydratée par exemple, permet à la viande de lapins consommant cette ration de bénéficier de la qualification « source d'acide gras en oméga 3 », puisque 100 g de cette viande couvrent plus de 15% des ANC.

On peut également utiliser une source riche en DHA comme les algues. Mais pour l'instant cette utilisation est peu réaliste en raison du coût élevé. Toutefois une production de masse par le développement des techniques de production pourra peut-être rendre cette utilisation possible à l'avenir. Des études en ce sens sont déjà réalisées, à titre expérimental chez le porc et la volaille.

IV- Conclusion

Les résultats de cette étude montrent qu'il est donc possible d'augmenter la teneur en AGPI n-3 de la viande de lapin par un enrichissement de son régime alimentaire en acide alpha-linolénique. Avec les doses utilisées, les équations de dépôt semblent linéaires et nous n'observons pas de plateau dans le dépôt du précurseur ALA.

Il est donc possible d'en introduire davantage d'oméga 3 par incorporation de graines de lin extrudées dans l'alimentation du lapin pour en accroître la teneur dans la viande. Les sources d'ALA pour l'alimentation du lapin sont variées, à l'image de la luzerne (36 à 40 % d'ALA), des tourteaux de la graine de chanvre (18 % d'ALA) ou des graines ou l'huile de lin (54 % d'ALA des acides gras totaux, soit 168 g / kg de matière sèche) (Sauvant et al., 2002).

Augmenter la durée de distribution de ce type d'aliment peut également accroître les proportions des AG n-3 déposés dans la carcasse de l'animal. Toutefois, cette observation sera à moduler en fonction de l'aspect économique de production de cette viande.

2ère PARTIE : **LE POULET DE CHAIR**

ETUDE IV

Effet des régimes carencés en oméga 3 (régime tournesol) sur les performances de croissance du poulet de chair

Etude IV

I- Introduction

En Algérie, l'aviculture constitue un secteur très important puisque ses produits assurent plus de 50 % de la ration alimentaire moyenne en produits d'origine animale. L'essor de l'aviculture, et particulièrement la production du poulet de chair, est favorisé par la volonté de développer et de satisfaire les besoins de plus en plus croissants en protéines animales de la population et de compenser la faiblesse de la production des viandes rouges.

Cette option est motivée par l'importance de cette spéculation qui, avec des moyens relativement réduits et dans les délais les plus brefs, peut contribuer à approvisionner la population en grandes quantités de protéines à moindre coût. Cependant, la filière reste encore loin de satisfaire tous les besoins des consommateurs qui, sur la base d'une ration équilibrée (15 kg/hab/an), seraient de l'ordre de 450 000 tonnes en viande blanche pour une population de plus de plus 30 millions d'habitants.

En 2000, l'Algérie a réalisé une production de 169 182 tonnes, qui a chuté en 2004, à 163 625 tonnes (Kaci, 2007). Dans ce cas, la branche est à moins de 50 % des objectifs. En 2006, la wilaya de Tizi-Ouzou a enregistré une production de 674 000 quintaux dont 65 776 quintaux proviennent du poulet (DSA, 2007).

Ainsi, l'Algérien, avec une consommation de 4,76 kg de viande de poulet par an, reste parmi les plus faibles consommateurs, loin derrière l'Européen avec 13,5 kg, le Sud-Américain (18,7 kg) et enfin le Nord-Américain avec 35,1 kg (MA, 2003). Par ailleurs, l'aviculture algérienne est dépendante de 95 % du marché mondial en matières premières composant l'aliment de bétail (maïs et tourteaux de soja) et 40 % en matériel biologique (œufs à couver, poussins d'un jour et produits vétérinaires).

Cependant, il faut signaler que la distribution d'aliment constitué de céréales (principalement le maïs) et de tourteau de soja sans supplémentation en lipides, provoque des modifications profondes du profil en acides gras des tissus adipeux de la carcasse (Lessire, 2001). Toujours selon cet auteur, l'incorporation de matières grasses dans l'alimentation du poulet de chair est indispensable pour son métabolisme, qui ne peut se contenter des seuls lipides que son organisme synthétise.

Ainsi donc, une alimentation sans addition de lipides destinée aux poulets depuis l'éclosion se répercute négativement sur le taux de mortalité (plus de 50 %) et les tissus adipeux sont particulièrement peu développés. Le déroulement normal du métabolisme demande, en effet, certaines densités énergétiques, d'où l'intérêt d'incorporer dans le régime des matières grasses assurant à la fois une source d'énergie économique et une meilleure utilisation de matières premières moins onéreuses lors de la formulation de l'aliment.

Avec un apport accru en lipides, l'ingéré énergétique ainsi que les dépôts lipidiques augmentent, de même que le gain de poids et l'efficacité alimentaire sont améliorés. Ajouter des matières grasses à l'aliment a pour objectif principal d'augmenter sa concentration énergétique améliorant par conséquent les performances de production des animaux.

Concernant les modifications du profil en acides gras des lipides corporels, elles sont plus marquées quand les animaux reçoivent des lipides alimentaires de composition particulière. Les huiles de palme et de coprah augmentent les proportions des acides gras à chaîne courte et saturée, les graisses animales (suif et saindoux) enrichissent les dépôts lipidiques du poulet en C16:0 et C18:0. Les huiles végétales riches en acides gras polyinsaturés (colza, soja, tournesol, lin, ...), quant à elles, accroissent le dépôt de cette catégorie des acides gras à 18 carbones dans la carcasse.

C'est ainsi que pour répondre au souci d'une part, d'améliorer les performances de croissance du poulet de chair et d'autre part, de mettre à la disposition du consommateur un produit de meilleure qualité, cette présente étude a été menée afin de voir quel serait l'impact de la nature de l'aliment, particulièrement dans sa fraction lipidique, sur ces deux objectifs.

L'expérimentation consiste donc à tester l'effet d'une supplémentation en différentes huiles (soja et tournesol), sources d'oméga 3 et d'oméga 6, sur les performances pondérales des animaux soumis à ces régimes comparativement aux témoins.

II- Matériel et méthodes

II-1- Bâtiment et conditions d'élevage

L'expérimentation a été menée dans une exploitation privée à Tizi-Ouzou. L'élevage est mené au sol avec une densité de 10 sujets/m^2, sur une litière composée de sciure de bois et de paille. La température est de 30 à

35 °C pendant la phase de démarrage et de 22 à 25 °C durant la phase de croissance. La ventilation est de type statique, assurée par des ouvertures manuelles.

L'éclairage est assuré par des ampoules d'une intensité de 60 watts pendant les vingt premiers jours d'élevage. L'aliment et l'eau sont distribués *ad libitum*. Afin d'éviter aux animaux le stress des premiers jours d'élevage, de l'eau sucrée leur est distribuée ainsi qu'un complexe minéralo-vitaminique, incorporé à raison de 10 g/ kg d'aliment.

II-2- Animaux

L'étude a porté sur trois lots de poussins d'un jour, non sexés, de la souche ISA15, caractérisée par un poids moyen à 56 jours de 1 900 à 2 100 g et un indice de consommation de 1,9. Le poids moyen des poussins à la réception est de 40 g.

Les animaux sont regroupés pendant la phase de démarrage, puis séparés en trois lots de 20 sujets selon le régime distribué au cours de la croissance et de la finition.

II-3- Conduite d'élevage

II-3-1- Alimentation

Durant la phase démarrage (du 1er au 11ème jour), les poussins regroupés sont nourris avec le même régime, qui est l'aliment démarrage, sous forme de farine. A l'issue de cette première phase et jusqu'au 43ème jour d'élevage (croissance), les animaux, recevant l'aliment croissance, sont répartis en trois lots différents selon la nature de la fraction lipidique incorporée dans le régime :

- un premier lot recevant l'aliment croissance conventionnel additionné de 3% d'huile de tournesol ;
- un deuxième lot nourri avec le même aliment croissance mélangé à 3% d'huile de soja ;
- et un troisième et dernier lot dont la fraction lipidique ajoutée est de 1,5% d'huile de tournesol + 1,5% d'huile de soja.

Au cours de la phase finition (du 44ème au 56ème jour), les poulets reçoivent l'aliment finition avec les mêmes pourcentages en huiles pour les

Etude IV

trois lots expérimentaux. Les régimes distribués sont isoprotéiques et isolipidiques (tableau 27).

Tableau 27 : Composition chimique des aliments consommés par les Animaux

Lots	Soja	Tournesol	Soja+tournesol
Teneur en protéines totales (en %)	16,86	16,61	16,18
Teneurs en lipides totaux (en %)	4,77	4,48	4,99
Composition en acides gras (en % des AG identifiés)			
C16 :0	11,87	12,66	12,60
C18 :0	3,09	3,42	3,48
C18 :1	28,80	28,26	27,02
C18 :2	49,08	50,59	51,63
C18 :3	4,15	1,80	2,60

II-3-2- Prophylaxie

II-3-2-1- Prophylaxie sanitaire

Des mesures de nettoyage et de désinfection sont entreprises avant la réception des poussins. Un vide sanitaire est également observé. Le local est nettoyé puis désinfecté avec de la chaux vive, qui est répandue sur le sol et les murs.

II-3-2-2- Prophylaxie médicale

Afin de prévenir l'apparition de certaines maladies, des vaccins sont administrés aux animaux. Le programme prophylactique est résumé dans le tableau 28.

Tableau 28 : Différents vaccins administrés aux animaux durant la période d'élevage

Traitements préventifs	Médicaments utilisés	Jour (s) d'administration	Voie d'administration
Contre la maladie de Gumboro	Gumboral CT	15	Eau de boisson
Contre la coccidiose	Coccidiopan+colistine	23 à 28	Eau de boisson
Autres produits vétérinaires utilisés			
Anti-infectieux	Baïtryl	1 à 6	Eau de boisson
Anti-stress	Erythromycine	2 à 6 ; 10	Eau de boisson
Complexe vitaminique	Vigal 2X	10 ; 30 à 35 ; 45 à 47	Eau de boisson

II-4- Paramètres étudiés

Les paramètres zootechniques étudiés sont :

II-4-1- Taux de mortalité

Il est estimé selon la formule suivante :

$$\text{Taux de mortalité (\%)} = \frac{\text{Effectif initial} - \text{Effectif final}}{\text{Effectif initial}} \times 100$$

II-4-2- Consommation d'aliment

Elle traduit la quantité moyenne d'aliment consommée par les animaux. Elle est calculée comme suit :

Quantité ingérée (g) = Quantité distribuée (g) – Quantité refusée (g)

Où la quantité refusée est la somme de l'aliment restant dans les mangeoires et la quantité gaspillée.

II-4-3- Indice de consommation (IC)

Il traduit l'efficacité alimentaire et correspond à la quantité d'aliment nécessaire pour obtenir 1 kg de produit fini. Il est donné par l'équation suivante :

IC = Quantité d'aliment consommée (kg)/Quantité de produit obtenu (kg)

II-4-4- Gain moyen quotidien : GMQ (g/j)

Il caractérise la vitesse de croissance des animaux et dépend de la souche et de la durée d'élevage. Ainsi, des pesées des animaux sont effectuées au début de chaque étape d'élevage et à la fin de ce dernier (au 56ème jour).

$$GMQ\ (g/j) = \frac{\text{Poids du poulet à l'abattage} - \text{Poids du poussin à la réception}}{\text{La durée d'élevage}}$$

II-5- Différents rendements à l'abattage

Au terme du 56ème jour d'élevage, les animaux sont abattus sans mise à jeûne préalable. L'abattage est réalisé selon la séquence classique : saignée de la veine jugulaire, échaudage (50 à 55°C), plumaison puis éviscération.

II-5-1- Poids vif à l'abattage

Avant l'abattage, les animaux sont pesés et leur poids vif est relevé.

II-5-2- Poids plein

Les poulets abattus sont déplumés et leur poids edéterminé.

II-5-3- Poids éviscéré

Après la déplumaison, les animaux sont éviscérés puis pesés à nouveau.

II-5-4- Poids du foie

Lors de l'éviscération des poulets, les foies sont prélevés et pesés.

II-6- Analyses chimiques des aliments et de la viande

Ce paragraphe sera décrit sommairement. Pour une vue plus détaillée, voir la partie « Matériel et Méthodes ».

Les protéines totales des régimes sont déterminées par la méthode de Dumas (1831) cité par AOAC (1990). La quantité d'azote obtenue est multipliée par le coefficient 6,25 pour avoir la teneur en protéines.

Les lipides des aliments et des différents tissus animaux sont analysés selon la méthode de Folch et al. (1957) et le profil en acides gras est obtenu par chromatographie en phase gazeuse après saponification et dérivation des AG au BF3 selon la méthode de Morrison et Smith (1964).

II-7- Analyse statistique

Tous les paramètres étudiés ont fait l'objet d'une analyse de variance, suivie d'une comparaison de moyennes selon le test de Newman et Keuls au seuil de signification de 5 % par le biais du logiciel StatBox6. Les résultats sont exprimés par la moyenne suivie de l'écart-type.

III- Résultats et discussion

III-1- Composition chimique des aliments distribués

Comme mentionné dans le tableau 28, les aliments distribués lors de cet essai contiennent un peu plus de 16 % de protéines brutes. Ces teneurs sont inférieures aux normes établies par l'INRA (1989), qui sont de 22,3 à 23 % pour le démarrage, 20,4 à 21 % pour la croissance et de 18,9 à 19,5 % pour la phase finition.

Etude IV

La composition en acides gras des trois régimes présente des différences pour les trois catégories d'acides gras. Concernant les AGS, on remarque que les teneurs en C16 : 0 et en C18 : 0 sont les plus basses pour l'aliment soja (11,87 % et 3,08 % respectivement). Alors que les proportions de ces deux AG sont pratiquement identiques dans chacun des deux autres régimes. Concernant les AGMI, l'aliment soja présente la teneur la plus élevée en C18 : 1 avec un pourcentage de 28,80 %, valeur proche de celle enregistrée avec l'aliment tournesol (28,26 %). Le mélange soja + tournesol, quant à lui, présente la teneur la plus basse avec seulement 27,02 %.

S'agissant des AGPI, l'acide linoléique est plus présent dans les régimes supplémentés en huile de tournesol. Ceci s'explique par la très grande quantité de cet acide gras contenue dans cette huile. En effet, l'huile de tournesol présente une teneur élevée en C18 :2 n-6 puisqu'elle peut varier de 40 jusqu'à 74 %, selon différentes sources. La teneur en acide alpha-linolénique, quant à elle, ne représente que 3,6 % (Corino et al., 2008).

Pour l'acide alpha-linolénique, sa teneur est plus élevée notamment dans le régime soja par rapport au mélange soja + tournesol. Il est à signaler que la teneur de cette huile en cet AGPI n-3 est de 7 % (Bourdon et Hauzy, 1993).

III-2- Mortalité

Les mortalités enregistrées lors de cet essai sont données dans le tableau 29.

Tableau 29 : **Taux de mortalité enregistrés**

Lots	Soja	Tournesol	Soja+tournesol	Moyenne
Taux de mortalité (%)	13,33	0	6,66	9,66±4,71

On constate que le plus grand nombre de morts lors de cet essai a été enregistré avec le lot soja, avec un pourcentage de 13,33 %. Le lot tournesol, quant à lui, n'a enregistré aucune perte. Le taux de mortalité enregistré avec le lot soja + tournesol (6,66 %) est supérieur à la moyenne établie par l'ITAVI (2002) au bout de 40 jours (3,4 %), mais se rapproche de celle obtenue par Vest et Duval (1985) (6,33 %) et davantage de celle enregistrée par Chafai (2006) à 56 jours (6,5 %).

Le respect des normes d'hygiène et du programme prophylactique d'une part, et les bonnes conditions climatiques, d'une autre, ont contribué à réduire le nombre de pertes par rapport à celles enregistrées par Chabi (2006) (18 %). Il faut signaler que notre essai a eu lieu en période de l'année où les températures ambiantes étaient plus clémentes (au printemps) que celles où s'est déroulée l'expérimentation de Chabi, en plein mois de juillet-août.

En effet, d'après Lazaro Garcia Rosa (2003), la mortalité par coup de chaleur peut être très élevée : elle représente 5 % des mortalités dans le monde. Elle est due généralement à une défaillance cardiaque associée à des troubles nerveux consécutifs à l'alcalose et l'hypoxie chronique (Bouzouaia, 1991).

Une température ambiante élevée est un facteur de stress majeur pour les animaux, particulièrement en période de finition (Tesseraud et Temim, 1999). Les changements métaboliques et physiologiques liés au stress peuvent réduire fortement les performances de croissance et affecter la composition corporelle (Veldkamp et al., 2000).

Concernant les très jeunes animaux, la température d'ambiance n'a de signification que si elle est mesurée au niveau du poussin et dans son aire de vie (ISA, 1995) et que les erreurs de chauffage constituent la cause principale des mortalités dans les premières semaines (Castaing, 1979).

III-3- Poids vif à l'abattage

Avant l'abattage, les animaux ont été pesés et leurs poids obtenus sont rapportés dans le tableau 30.

Tableau 30 : Poids vif des animaux à l'abattage (g)

Lots	Soja	Tournesol	Soja+tournesol	Moyenne
Poids vif à l'abattage (g)	1974,46 ±410,84	1968,61 ±339,21	1969,07 ±344,43	1970,71 ±364,83

Etude IV

Les poids enregistrés pour les trois lots ne sont pas significativement différents. Cette même tendance a été déjà observée par Bouvarel et al. (2003), qui ont montré que la nature des lipides ingérés n'avait pas ou très peu d'effet sur les performances de croissance. De même que les pourcentages du gras abdominal n'ont pas présenté d'écarts significatifs entre les différents régimes.

Les performances pondérales à l'abattage enregistrées sont assez comparables avec toutefois une légère supériorité pour le lot soja, sans pour autant atteindre le seuil de signification. Cette légère hausse de poids moyen de ce lot peut être expliquée par le taux de protéines qui est également légèrement plus important dans le régime consommé par ces animaux (16,86 %).

Cette tendance a également été observée par Bregendahl et al. (2002) pour des poulets ayant consommé un aliment à haute teneur en protéines, puisqu'ils présentaient un poids vif et un gain de poids supérieurs à des animaux ayant reçu une alimentation à teneur basse en protéines.

Le poids moyen enregistré pour chacun des lots reste inférieur à la moyenne établie par l'ITAVI (2003), qui est de 2 101 g à 58 jours, et assez éloigné de celle enregistrée par l'ITPE (1988) : 2 358 g à 56 jours. Au contraire, il est supérieur au poids moyen à 54 jours de 1925 g enregistré par Chabi (2006) avec des régimes identiques à ceux utilisés lors de notre étude. Nos valeurs restent assez proches de celle obtenue par Bouderoua (2004) à 56 jours (1980 g) avec un régime à base de gland de chêne vert.

III-4- Gain moyen quotidien : GMQ (g/j)

Les gains de poids enregistrés par les poulets sont consignés dans le tableau 31.

Tableau 31 : Gains moyens quotidiens réalisés par les animaux

Lots	Soja	Tournesol	Soja+tournesol	Moyenne
GMQ (g/j)	34,54±6,50	34,43±5,64	34,44±4,99	34,47±5,71

La vitesse de croissance enregistrée pour les trois lots est la même : 34 g/j. Ce GMQ est pratiquement le même que celui obtenu par Chabi (2006) à 54 jours d'âge pour les mêmes types de régimes. Cette valeur se rapproche de celle établie par l'ITAVI (2003) : 36,3 g/j, mais s'éloigne de celle obtenue par l'INRA (2003), qui est de 52,1 g/j à 56 jours, et davantage de celle enregistrée par Arbouche et Manseur (2008) : 55,8 g/j pour la même période d'élevage.

L'incorporation des matières grasses dans l'aliment du poulet a pour objectif d'élever sa concentration en énergie. Et quand cette augmentation s'obtient avec un apport accru de lipides, le gain de poids et l'efficacité alimentaires sont améliorés (Lessire, 2001). Larbier et Leclercq (1992) préconisent pour un aliment démarrage une concentration énergétique avoisinant 3 200 Kcal/Kg. L'apport énergétique est nécessaire pour une bonne croissance assurant en premier lieu la satisfaction des besoins d'entretien, ensuite la constitution des tissus corporels.

La faible croissance enregistrée par notre élevage pourrait s'expliquer par la faible teneur en protéines des régimes distribués aux animaux et qui ne dépasse pas 17 %. En effet, les besoins en azote du poulet sont de 22 – 23 % pour la phase de démarrage, de 20 -21 % pour la croissance et de 18,9 à 19,5 % pour la finition (INRA, 1989).

III-5- Consommation d'aliment et indice de consommation

Le tableau 32 donne la consommation moyenne des animaux pour toute la période d'élevage ainsi que les indices de consommation enregistrés par les différents lots.

Tableau 32 : **Consommation alimentaire et indice de consommation**

Lots	Soja	Tournesol	Soja+tournesol	Moyenne
Consommation/sujet/cycle (g)	6150,60	4933,50	5547,70	5543,93 ±608,56
Indice de consommation	3,41	2,68	2,69	2,93 ±0,42

Les animaux ayant consommé le plus d'aliment sont ceux du lot soja (6 151 g), suivi du lot soja+tournesol (5 548 g), sans pour autant réaliser les meilleures performances pondérales.

Cette consommation élevée avec les régimes supplémentés en huile de soja a été également rapportée dans les travaux de Azman et al. (2004), qui ont enregistré une consommation alimentaire journalière significativement plus élevée que dans d'autres régimes supplémentés avec des sources différentes de matières grasses telles que les graisses de volaille, le suif de bœuf et un mélange à part égale(1/1) de graisse de volaille et d'huile de soja.

Chesneau et al. (2009) ont remarqué que les porcs soumis à un régime à base de lin (huile et graines) consommaient plus que les animaux nourris à base de palme et de colza. La consommation importante enregistrée pour le lot soja pourrait s'expliquer par la teneur plus élevée en C18 :3 n-3 de ces régimes.

Les valeurs de consommation obtenues pour les trois lots sont supérieures à celles enregistrées par Papadopoulos (1987) : 3 063 g à 57 jours avec un régime à base de graines entières de soja et par Chabi (2006) : 3 999 g à 54 j avec les mêmes aliments que ceux utilisés lors de notre essai.

L'indice de consommation est le plus élevé pour le lot soja, qui a consommé la quantité la plus élevée d'aliment. Les valeurs obtenues pour les trois lots se rapprochent de celle donnée par l'ITAVI (2003) : 2,87 à 58 jours, mais sont supérieures à celles établies par Chabi (2006) et Arbouche et Mauseur (2008) : 2,07 et 2,04 à 54 et 56 jours respectivement.

Ceci pourrait s'expliquer par la teneur plus faible de nos régimes en protéines comparativement à ces travaux. En effet, la teneur en matières azotées de l'aliment influence la consommation alimentaire, et l'apport protéique contribue à améliorer l'efficacité alimentaire. Ainsi, pour Larbier et Leclercq (1992), une élévation de 1 % de la teneur en matières azotées du régime (10 g/kg d'aliment) entraîne une réduction de 3 % de l'ingéré alimentaire du poulet.

Ces valeurs relativement élevées peuvent être expliquées par le gaspillage de l'aliment, qui est dû à l'utilisation des mangeoires adaptées au premier âge tout au long de notre élevage, faute de l'indisponibilité des mangeoires correspondant au deuxième âge. La nature des aliments ingérés est également en cause. En effet, la concentration énergétique est l'une des caractéristiques majeures susceptibles de moduler la consommation des oiseaux. Selon Larbier et Leclercq (1992), les matières grasses augmentent la concentration énergétique des aliments et diminuent l'indice de consommation.

Etude IV

Nos résultats ne montrent aucun effet significatif des régimes supplémentés avec des huiles à hauteur de 3 %, d'où la suggestion qu'il faudrait peut-être un taux d'incorporation des huiles supérieur à cette valeur pour avoir un impact plus marqué sur les performances de croissance des poulets. Toutefois, l'effet de ces régimes enrichis en AGPI pourrait s'avérer plus marqué sur la composition biochimique leurs carcasses, comme le démontrent les trois autres études menées chez le poulet et le lapin et de nombreux travaux déjà publiés chez différentes espèces animales.

III-6- Rendement à l'abattage

Les différentes pesées réalisées lors de l'abattage sont rapportées dans le tableau 33.

Tableau 33 : Rendements à l'abattage des animaux

Lots	Soja	Tournesol	Soja+tournesol	Moyenne
Poids vifs à l'abattage (g)	1974,46 ±410,84	1968,61 ±339,21	1969,07 ±344,43	1970,71 ±364,83
Poids pleins (g)	1806,66 ±319,81	1664,33 ±431,42	1723,50 ±298,59	1731,50 ±349,94
Poids éviscérés (g)	1603,50 ±357,56	1555,00 ±217,80	1305,33 ±396,65	1487,94 ±324
Poids éviscérés/Poids pleins (%)	85,65 ±1,63	84,80 ±2,00	83,88 ±3,86	84,78 ±2,50
Poids des foies (g)	38,50 ±6,83	39,16 ±7,08	43,33 ±13,82	40,33 ±9,24
Poids des foies en % du poids plein	2,19 ±0,26	2,33 ±0,17	2,41 ±0,28	2,31 ±0,24

L'analyse de la variance appliquée à tous les paramètres évoqués ne montre aucune différence significative entre les différents régimes distribués ($P > 0,05$). Le poids plein, obtenu après abattage et plumaison, est à l'avantage du lot soja avec 1 807 g. Le lot tournesol enregistre, lui, le plus faible poids (1 664 g). Ce paramètre suit la même tendance que le poids vif des animaux.

On remarque que même après éviscération, le lot soja garde l'avantage par rapport aux deux autres groupes. Toutefois, la tendance est inversée pour ces deux derniers puisque le lot soja+tournesol, qui présentait un poids plein plus élevé, ne pesait que 1 305 g après éviscération pour 1 555 g pour le lot tournesol.

Ainsi le lot soja+tournesol, en plus de son plus faible GMQ, il présente un rapport poids éviscéré / poids plein le plus faible avec 83,88 %. Selon Lessire (2001), un excès de dépôts adipeux génère une diminution des rendements lors de l'éviscération. Ceci expliquerait que les animaux ayant consommé le régime soja+tournesol étaient plus gras que ceux du lot tournesol, d'où des pertes plus importantes enregistrées après éviscération.

Le lot soja, quant à lui, garde toujours son avantage avec un rapport poids éviscéré / poids plein (85,65 %) le plus élevé. Il est vrai que ce groupe a ingéré plus d'acide alpha-linolénique que les deux autres lots. Et il est établi que cet acide gras est connu pour son action « anti-adipogénique » (Coulhan, 2011), contrairement à l'acide linolénique qui, lui, plutôt favorise le dépôt de gras dans l'organisme (Ailhaud et al., 2006).

Au contraire, le poids du foie est le plus faible chez les animaux nourris à base de l'huile de soja (38,5 g). Le lot soja+tournesol enregistre le plus important poids (43,33 g), qui réalise ainsi le meilleur rapport poids du foie / poids plein (2,41 %). Ce qui explique le poids éviscéré le plus faible enregistré pour ces animaux (1 305 g). Les valeurs enregistrées lors notre essai sont plus proches de celle rapportée par Chabi (2006) : 38,24 g, mais plus élevées que celle donnée par Bouderoua (2004) : 33,2 g.

En définitive, la faiblesse de poids moyens éviscérés des animaux enregistrés lors de notre étude par rapport aux valeurs données par Bouderoua (2004) : 1 600 g et par Arbouche et Manseur (2008) pourrait s'expliquer par les conditions d'abattage et de récolte des données. En effet, toutes les opérations effectuées lors de l'abattage ont eu lieu à l'extérieur du bâtiment d'élevage. Et les carcasses des animaux ayant été exposées à la chaleur ont perdu beaucoup d'eau.

IV- Conclusion et perspectives

Nos résultats viennent confirmer la tendance déjà observée dans divers travaux publiés chez différentes espèces animales. Ainsi, cette étude a montré qu'il n'y a pas eu d'effet de la nature du régime sur les différents paramètres zootechniques étudiés même si de faibles écarts ont été enregistrés entre les trois lots de poulets.

La plus faible quantité d'aliment ingérée est enregistrée avec le lot tournesol avec une consommation de 4 936 g, alors que l'aliment soja a été le plus consommé (6 151 g) sans pour autant réaliser les meilleures performances pondérales. Concernant les indices de consommation enregistrés, ils sont assez comparables avec toutefois une valeur plus élevée pour le lot soja (3,41).

La vitesse de croissance est également presque identique entre les trois lots de poulets avec un léger avantage pour le lot soja (34,54 g/j), qui enregistre ainsi les meilleures performances pondérales. Le poids du foie est, toutefois, plus important chez les animaux ayant consommé le régime soja+tournesol.

En définitive, la nature lipidique des régimes n'a pas d'effet sur les performances de croissance des poulets. L'impact pourrait s'avérer davantage sur le plan composition biochimique des carcasses des animaux. D'où la suggestion d'augmenter le taux d'incorporation de ces huiles (sources d'AGPI) dans les aliments d'autant plus que les matières grasses ajoutées au régime n'influencent que très modérément la quantité de lipides déposés.

Cependant, il est préconisé de ne pas dépasser un certain seuil au-delà duquel les AGPI contenus dans ces viandes peuvent conférer à celles-ci un aspect mou. De même, ils sont susceptibles d'être oxydés, ce qui se répercutera négativement sur leur qualité (odeur et goût de rance) et leur durée de conservation du produit. Pour contrecarrer ces effets indésirables de la peroxydation des lipides, le recours à l'utilisation d'antioxydants (cas de la vitamine E) s'avère nécessaire afin de conserver intacte cette viande.

ETUDE V

Effet de la teneur en acides gras n-3 du régime sur la composition en acides gras de la viande de poulet

Etude V

I- Introduction

Pour l'équilibre nutritionnel de la ration alimentaire, la consommation de protéines d'origine animale (viandes, œufs, lait et dérivés) joue un rôle essentiel. Or, en Algérie, le niveau moyen de consommation de ces protéines par habitant reste insuffisant.

Le caractère extensif de la production des espèces principales (bovins, ovins et caprins), une maîtrise imparfaite de la conduite des élevages menés en intensif (l'aviculture) et la place très marginale réservée aux autres types d'élevage (camelins, équins, lapins, dinde, ...) sont à l'origine de ce déficit. Par ailleurs, l'insuffisance chronique de l'offre est à l'origine de l'existence de circuits de distribution et de mise en marché excessivement longs et complexes conduisant à la hausse des coûts à la consommation.

Le développement d'une aviculture moderne à partir de la fin des années 1970 a permis de combler quelque peu le déficit de l'offre en viandes rouges, mais au prix de l'instauration d'une très forte dépendance vis-à-vis de l'étranger tant en matières premières d'alimentation (maïs, tourteaux, ….) qu'en matière de souches animales et de produits vétérinaires.

La viande de poulet, comme la plupart des viandes de volailles, est une source importante de protéines d'excellente qualité ; aussi, elle est riche en eau, vitamines et minéraux, pauvre en lipides, avec un apport non négligeable en acides gras bénéfiques pour la santé (Lessire, 2001).

Parmi les facteurs susceptibles d'altérer ou d'améliorer ces qualités, on évoque souvent l'alimentation même si d'autres paramètres ont également une grande influence : le génotype, l'âge d'abattage et les conditions d'élevage (Mourot, 2010a). La diminution de la quantité de lipides dans l'alimentation et l'amélioration de la nature des acides gras est un fait très recherché actuellement.

En effet, la qualité de la viande est devenue l'une des préoccupations majeures de tous les partenaires de la filière avicole. L'alimentation des animaux, particulièrement sa fraction lipidique, influence fortement cette qualité en modifiant surtout le profil des acides gras déposés dans la viande. Plusieurs travaux ont, en effet, montré l'incidence d'un enrichissement d'un régime en graines de lin extrudées sur les performances zootechniques mais surtout sur la composition en acides gras des carcasses chez différentes espèces telles que le porc et la volaille.

A cet effet, la particularité du poulet à déposer des AGPI pourrait être mise à profit pour améliorer la qualité nutritionnelle de cette viande et mieux répondre aux souhaits des nutritionnistes. En effet, le poulet, comme les autres animaux monogastriques, peut déposer dans sa carcasse les AG ingérés sans remaniement.

Le choix de l'aviculture semble être meilleur, du fait que cet élevage présente des atouts qui permettent de maintenir la volaille sur un pied compétitif par rapport aux autres types de viande, en particulier le cycle biologique très court de l'animal et le rapport coût/efficacité optimal, ce qui fait de la volaille un produit très apprécié du consommateur.

C'est ainsi, que cette étude se veut être une contribution à mieux rendre compte du degré d'influence d'un apport massif en acides gras oméga 3 sur particulièrement la composition biochimique de la carcasse de cet animal.

II- Matériel et méthodes

II-1- Animaux et régimes alimentaires

Les animaux proviennent d'un élevage certifié label. Deux lots de 400 individus chacun ont servi à cet essai, recevant pour l'un un aliment témoin et pour l'autre un régime enrichi en graines de lin extrudées (Tradi-Lin®) incorporées à hauteur de 4 % dans l'aliment. Les aliments distribués étaient iso-nutritionnels. La composition chimique des régimes est donnée dans la partie discussion des résultats.

II-2- Abattage et découpe des animaux

A 92 jours d'âge, les animaux sont sacrifiés et 12 carcasses sont prises au hasard dans chaque lot pour servir à cette étude. Après la découpe des carcasses, des échantillons (demi-carcasse entière, filet avec peau, cuisse et aile) sont prélevés sur chaque carcasse puis conservés à -20°C pour dosages ultérieurs.

A cette fin, la totalité de la viande est récupérée, broyée et bien mélangée pour chacun des morceaux prélevés pour réaliser les différents dosages.

II-3- Analyses chimiques

La teneur en lipides a été déterminée par une extraction à froid dans un mélange de chloroforme-méthanol selon la technique de Folch et al. (1957). Les lipides récupérés sont ensuite analysés en chromatographie en phase gazeuse après dérivation au BF3 sur une colonne capillaire de 50 m pour déterminer la composition en acides gras (AG).

Un standard interne, le C17, est introduit avant méthylation pour quantifier la teneur en acides gras. Les résultats d'acides gras sont exprimés en pourcentage des AG identifiés et en mg d'AG par 100 g de viande fraîche.

II-4- Analyse statistique

Les résultats obtenus ont été comparés par analyse de la variance avec l'effet régime comme effecteur, en utilisant la procédure Anova du logiciel SAS (SAS Institute, 1999). Quand l'effet est significatif, les moyennes sont comparées deux à deux par le test de Bonferroni.

III- Résultats et discussion

III-1- Composition chimique des régimes

La composition des régimes consommés par les animaux est consignée dans le tableau 34.

Tableau 34 : Composition et teneur en acides gras des régimes

	en % des AG		en g d'AG /kg aliment	
	Témoin	Essai	Témoin	Essai
Matière grasse			24,3	30,1
C14:0	0,31	0,33	0,06	0,07
C16:0	21,58	20,41	3,79	4,56
C18:0	2,36	2,50	0,41	0,56
C18:1 n-9	28,71	30,10	5,04	6,71
C18:2 n-6	39,93	35,65	7,02	7,95
C18:3 n-3	4,46	7,86	0,78	1,75
AGS	24,72	23,98	4,34	5,35
AGM	30,90	32,52	5,43	7,26
AGPI	44,39	43,50	7,80	9,71
n-6	39,93	35,65	7,02	7,95
n-3	4,46	7,86	0,78	1,75
n-6/n-3	8,95	4,54	8,95	4,54

Les aliments iso-nutritionnels montrent une composition en acides gras différente. Ainsi, le régime essai (lin) contient un peu plus de matière grasse que le régime témoin. La teneur en acides gras n-3 est 2 fois plus élevée dans le régime essai que dans le témoin.

Les proportions des acides gras n-6 et des AGS sont, quant à elles, plus élevées dans l'aliment témoin que le régime lin. Avec l'incorporation de graines de lin extrudées, le rapport AG n-6 / AG n-3 est diminué de moitié par rapport au régime témoin.

III-2- Composition en acides gras des tissus

III-2-1- Carcasse

Le tableau 35 résume la composition en acides gras de la carcasse.

Tableau 35 : Composition en acides gras de la carcasse (en % des AG identifiés)

	Certifié (Témoin)	Essai (Lin)	Effet
C14:0	0,60±0,05	0,55±0,05	P<0,003
C16:0	24,88±1,25	22,22±1,25	P<0,001
C18:0	6,17±0,57	6,37±0,46	NS
C18:1 n-9	39,68±1,41	35,65±2,22	P<0,001
C18:2 n-6	13,72±1,21	15,40±1,69	P<0,001
C18:3 n-3	1,05±0,12	5,23±1,33	P<0,001
C20:4 n-6	0,97±0,20	1,05±0,27	NS
C20:5 n-3	0,98±0,75	0,86±0,41	NS
C22:5 n-6	0,03±0,01	0,20±0,30	P<0,06
C22:5 n-3	0,11±0,03	0,30±0,08	P<0,001
C22:6 n-3	0,09±0,03	0,18±0,07	P<0,001
AGS	32,20±1,52	29,93±1,55	P<0,001
AGM	49,00±1,45	43,91±2,62	P<0,001
AGPI	18,80±1,74	26,16±2,98	P<0,001
n-6	15,55±1,39	17,50±1,68	P<0,005
n-3	2,97±0,84	8,27±1,37	P<0,001
n-6/n-3	5,66±1,70	2,15±0,26	P<0,001
LA/ALA	13,18±0,89	3,03±0,42	P<0,001

L'introduction de graines de lin dans l'aliment du poulet permet d'augmenter fortement la teneur en ALA dans la carcasse. En pourcentage, la valeur est multipliée par 5 et en teneur, la valeur est multipliée par 4. Ceci vient du fait que la teneur globale en lipides des régimes est moins élevée chez les poulets recevant le régime témoin par rapport au régime lin ($P < 0,03$).

Cette corrélation positive entre la nature des AG alimentaires, notamment pour les insaturés et celle des AG déposés dans les tissus adipeux et musculaires a été déjà mise en évidence chez le poulet (Scaiffe et al., 1994 ; Bouvarel et al., 2003), le lapin (Ouhayoun, 1989 ; Combes et Cauquil, 2006b ; Gigaud et Le Cren, 2006) et le porc (Corino et al., 2008 ; Guillevic et al., 2009 a et b).

De façon générale, la teneur des graisses en acides gras polyinsaturés du poulet, au même titre que celle des autres espèces animales notamment monogastriques, dépend de la quantité totale de gras déposée par l'animal et du contenu en acides gras polyinsaturés de l'aliment distribué (Bonneau et al., 1996).

III-2-2- Cuisse

La composition en acides gras de la cuisse est consignée dans le tableau 36. On remarque que pour ce morceau, les variations observées entre les deux régimes vont dans le même sens qu'avec la carcasse.

Les teneurs en AGS et AGMI sont plus basses dans les échantillons issus d'animaux nourris à base de lin (P < 0,001), alors que la tendance est inversée pour les AGPI, puisque leur pourcentage est significativement (P< 0,001) plus élevé dans ce groupe.

Tableau 36 : Composition en acides gras de la cuisse (en % des AG identifiés)

	Certifié (Témoin)	Essai (Lin)	Effet
C14:0	0,60±0,04	0,49±0,05	P<0,001
C16:0	24,53±1,13	19,99±2,32	P<0,001
C18:0	6,24±0,53	5,91±0,51	NS
C18:1 n-9	39,00±1,15	32,06±3,95	P<0,001
C18:2 n-6	13,80±0,74	14,01±1,43	NS
C18:3 n-3	1,32±0,77	4,67±1,08	P<0,001
C20:4 n-6	1,13±0,29	2,02±0,64	P<0,001
C20:5 n-3	0,61±0,30	2,63±2,57	P<0,01
C22:5 n-6	0,06±0,03	0,00±0,00	P<0,001
C22:5 n-3	0,13±0,04	0,34±0,08	P<0,001
C22:6 n-3	0,10±0,06	0,19±0,08	P<0,001
AGS	32,04±1,42	27,90±2,20	P<0,001
AGM	48,22±1,28	40,09±3,77	P<0,001
AGPI	19,74±1,74	32,02±5,49	P<0,001
n-6	15,95±1,05	18,59±1,85	P<0,001
n-3	3,46±1,29	11,54±2,89	P<0,001
n-6/n-3	5,11±1,58	1,67±0,30	P<0,001
LA/ALA	11,97±3,02	3,10±0,52	P<0,001

Etude V

L'augmentation du pourcentage de cette catégorie d'acides gras s'est faite aux dépens des AGS et AGMI. Plusieurs travaux ont démontré cette tendance, et ce, chez différentes espèces animales telles que le lapin (Hernández et al., 2007 ; Lebas, 2007 ; Kouba et al., 2008 ;) et le porc (Kouba et al., 2003 ; Guillevic et al., 2009b).

Toutefois et contrairement à la carcasse, la teneur en acide linoléique n'est pas affectée par la nature du régime (P>0,05). La proportion en acides gras polyinsaturés n-3 est significativement influencée par la nature du régime, avec globalement une hausse de leur proportion chez les poulets ayant consommé l'aliment à base de lin. Ceci s'exprime simultanément par une baisse des AGPI n-6 et une hausse des AGPI n-3.

Ainsi, la quantité du précurseur (ALA) est 4 fois plus importante dans la cuisse des animaux du lot lin (P<0,01). Cette augmentation a induit une amélioration des valeurs enregistrées pour les différents dérivés à longue chaîne de cet acide gras essentiel.

Ces variations des teneurs en AGPI n-6 et n-3 ont significativement abaissé le ratio LA / ALA avec le régime lin : il n'est que de 3 pour pratiquement 12 avec l'aliment standard. Il est bien établi que l'incorporation de graines de lin dans l'aliment destiné aux animaux provoque cet effet suite à l'augmentation de la quantité d'ALA déposée dans la carcasse.

III-2-3- Filet avec la peau

Le tableau 37 donne la composition en acides gras du filet avec la peau.

Tableau 37 : Composition en acides gras du filet avec la peau (en % des AG identifiés)

	Certifié	Essai	Effet
C14:0	0,58±0,05	0,50±0,05	P<0,001
C16:0	24,31±1,31	21,24±2,16	P<0,001
C18:0	6,09±0,57	6,27±0,57	NS
C18:1 n-9	38,21±0,69	33,35±4,10	P<0,001
C18:2 n-6	13,30±1,25	14,29±1,37	P<0,07
C18:3 n-3	0,14±0,02	0,17±0,02	P<0,04
C20:4 n-6	1,31±0,23	1,89±0,88	P<0,03
C20:5 n-3	1,70±1,49	2,33±2,43	NS
C22:5 n-6	0,36±0,36	0,58±0,92	NS
C22:5 n-3	0,14±0,05	0,49±0,16	P<0,001
C22:6 n-3	0,15±0,06	0,31±0,12	P<0,001
AGS	31,60±1,46	28,89±2,22	P<0,001
AGM	47,12±0,93	41,31±4,24	P<0,001
AGPI	21,28±1,42	29,80±5,82	P<0,001
n-6	16,42±0,97	18,60±2,15	P<0,004
n-3	4,38±0,93	10,20±3,52	P<0,001
n-6/n-3	3,87±0,69	2,02±0,72	P<0,001
LA/ALA	12,48±1,26	3,33±0,36	P<0,001

La composition biochimique de ce morceau montre que les variations observées entre les deux groupes de poulets s'effectuent dans le même sens que précédemment. Toutefois, les filets, ou les muscles pectoraux blancs, sont moins riches en lipides que les muscles rouges de la cuisse (Leskanich et al., 1997).

La proportion des acides gras saturés, monoinsaturés et polyinsaturés est relativement équivalente dans ces deux morceaux (cuisse et filet). Toutefois, contrairement à la cuisse, la teneur du filet en C18 : 2 n-6 est significativement (P<0,07) plus élevée pour le lot essai (lin).

L'augmentation de la proportion d'ALA et de ses dérivés avec le régime lin s'est faite au détriment des AGS et AGMI. Contrairement à la cuisse, on constate que la quantité de DHA dans ce morceau a doublé pour le lot lin. Le rapport C18 :2 n-6/ C18 :3 n-3 est pratiquement de même grandeur que celui enregistré avec la cuisse pour les deux lots d'animaux. Ce ratio diminue ainsi de façon à rejoindre les recommandations des ANC.

III-2-4- Ailes

La composition en acides gras des ailes est consignée dans le tableau 38.

Tableau 38 : Composition en acides gras des ailes (en % des AG identifiés)

	Certifié	Essai	Effet
C14:0	0,53±0,17	0,52±0,03	NS
C16:0	24,14±1,06	21,56±1,13	P<0,001
C18:0	5,80±0,53	5,88±0,29	NS
C18:1 n-9	39,57±1,71	35,49±2,00	P<0,001
C18:2 n-6	13,57±0,94	15,36±1,47	P<0,001
C18:3 n-3	1,32±0,64	5,40±1,22	P<0,001
C20:4 n-6	1,09±0,22	1,16±0,21	NS
C20:5 n-3	1,43±1,36	1,13±0,65	NS
C22:5 n-3	0,11±0,06	0,30±0,04	P<0,001
C22:6 n-3	0,10±0,04	0,19±0,07	P<0,001
AGS	30,90±1,38	28,44±1,28	P<0,001
AGM	49,15±1,90	43,99±2,29	P<0,001
AGPI	19,95±2,24	27,56±2,63	P<0,001
n-6	15,99±1,20	18,00±1,55	P<0,001
n-3	3,60±1,82	8,79±1,25	P<0,001
n-6/n-3	5,57±2,95	2,07±0,16	P<0,001
LA/ALA	11,45±2,85	2,92±0,39	P<0,001

On remarque que le pourcentage d'ALA a été multiplié par 5 avec le régime lin. Malgré cette augmentation, la proportion de l'EPA, comme pour le filet, n'a pas varié significativement. La teneur en DHA est pratiquement la même que celle obtenue pour la cuisse.

Les tendances de variation de la composition en différents AG constitutifs de cette partie de la carcasse vont dans le même sens que précédemment. En effet, la quantité des AGPI a augmenté aux dépens des AGS et AGMI. Concernant le rapport LA / ALA, il est le plus faible dans cet échantillon comparativement aux autres morceaux. Ainsi donc, pour l'ensemble des pièces analysées, ce rapport répond favorablement aux recommandations (ANC, 2001), qui préconisent qu'il soit égal ou inférieur à 5.

III-3- Bilan comparatif

III-3-1- Teneur en lipides

L'analyse des différents tissus montre que les ailes sont plus riches en lipides que les cuisses que les filets. Ainsi, les différences de composition en lipides sont fonction du choix des morceaux (figure 31). En effet, chez la volaille, les lipides ne sont pas répartis uniformément dans la carcasse, puisqu'une grande partie se trouve dans la cavité abdominale et en périphérie de la carcasse (Mourot, 2010b).

De même, il est établi que les viandes blanches sont moins grasses que les viandes rouges (Ratnayake et al., 1989 ; Gigaud et Combes, 2007), cas de la cuisse (muscle rouge) qui présente une teneur beaucoup plus élevée (environ 12 et 8,4 mg / 100 g de tissu respectivement pour les tissus des animaux témoins et ceux issus des poulets expérimentaux) que celle du filet (muscle blanc) avec seulement 5,5 et 4,2 mg / 100 g de viande, respectivement pour les témoins et les expérimentaux (lin).

Ainsi, les filets sont moins riches en lipides que les cuisses, et ce, quelle que soit l'espèce considérée (Guillevic et al., 2010). Nos résultats montrent que la teneur en lipides de la viande des différentes pièces est plus faible chez les poulets essais (lin) (effet significatif P<0,03 à P<0,001 selon les morceaux) (figure 32). Toutefois, Guillevic et al. (2010) n'ont trouvé aucun effet significatif de la nature des régimes sur les teneurs en lipides des différents tissus de poulet et de dinde.

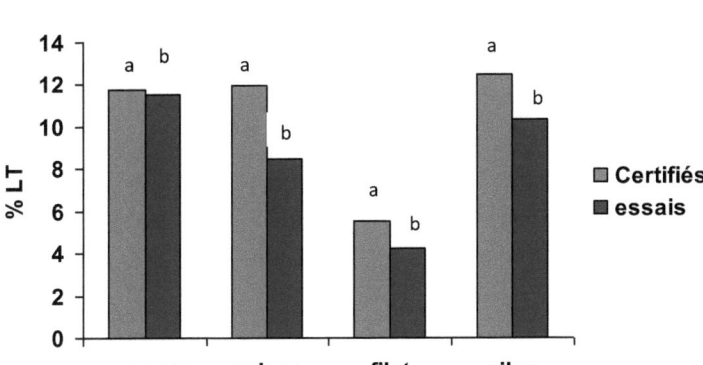

Figure 32 : **Teneur en lipides des différents morceaux en fonction du régime consommé.**

III-3-2- Teneur en ALA

L'introduction d'acides gras n-3 dans l'alimentation du poulet permet d'augmenter la teneur de cette famille d'AG dans la viande. Et comme les teneurs en acides gras dépendent de la teneur en lipides des viandes, le blanc de poulet (filet) présente la teneur en acides gras la plus faible.

En effet, 100 g de muscle rouge (la cuisse) contient 2 fois plus de matières grasses que le muscle blanc (le filet), et ils apportent cinq fois plus d'ALA (14 mg / 100 g vs 3 mg) (Mourot et al., 2010b). Ainsi, comme le montre la figure 33, la proportion de l'acide alpha-linolénique est la plus basse pour ce tissu (filet).

Concernant la teneur en cet acide gras, on remarque que pour l'ensemble des échantillons dosés, elle est significativement plus élevée dans ceux issus des poulets ayant consommé le régime à base de graines de lin ($P < 0,001$). Elle est multipliée par 4 pour la carcasse entière et par 3 pour le filet et les ailes et par 2,6 pour les cuisses.

L'augmentation d'ALA dans les tissus des animaux, à travers l'enrichissement de leur régime en sources d'AGPI n-3, a été démontrée également chez d'autres espèces aussi bien monogastriques que polygastriques (Morgan et al., 1992 ; Lopez-Ferrer et al., 2001 ; Colin et al., 2005 ; Manso et al., 2009).

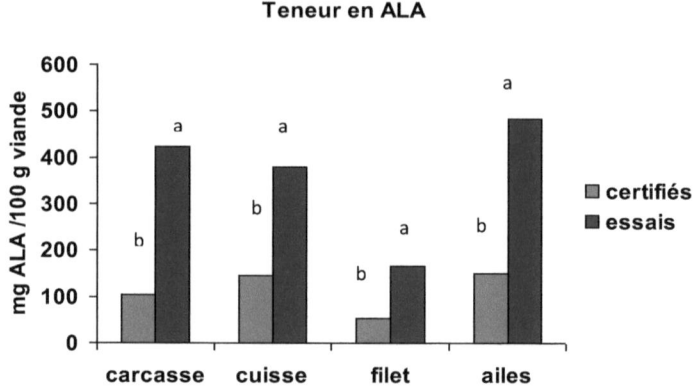

Figure 33 : **Teneur en ALA des différents morceaux en fonction du régime consommé.**

D'après Bourre (2005), la physiologie digestive des oiseaux préserve relativement bien les acides gras polyinsaturés qu'ils consomment. Un effet dose est observé dans les tissus de l'animal pour les teneurs en ALA, qui peuvent passer d'environ 4 à 22 g / 100 g d'acides gras. Ainsi, toujours selon ce même auteur, nourrir les animaux avec des extraits de graines de lin ou de colza, la teneur en ALA est, dans les meilleures conditions, multipliée par 10 dans le poulet, 20 à 40 dans les œufs, 6 dans la viande de porc et 2 dans celle de bœuf.

III-4- Analyse des TBARS sur viande de poulet

Le potentiel de peroxydation a été mesuré. Les dosages ont été effectués sur les morceaux identiques à ceux déjà utilisés pour le dosage des acides gras. L'évolution de l'apparition de MDA est exprimée en nmoles / g de tissu, en fonction du temps de réaction et selon les tissus analysés.

Comme le montrent les figures 34, 35, 36 et 37, pour les différents morceaux de découpe, la différence est significative pour les différents temps d'incubation en fonction de la nature du régime.

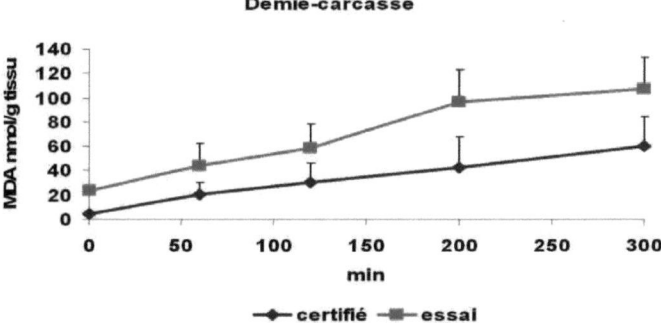

Figure 34 : Peroxydation des lipides de la carcasse en fonction du régime.

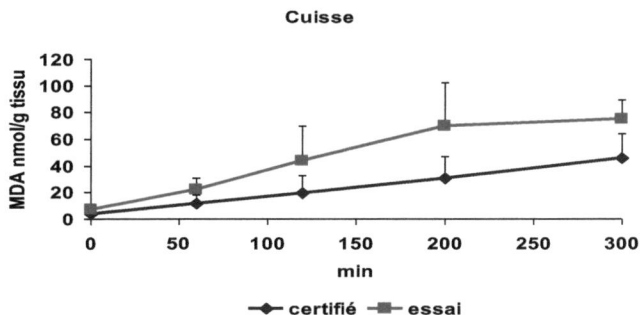

Figure 35 : Peroxydation des lipides de la cuisse en fonction du régime.

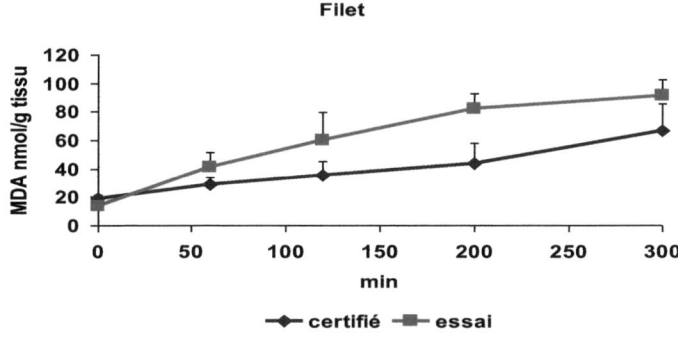

Figure 36 : Peroxydation des lipides du filet en fonction du régime.

Etude V

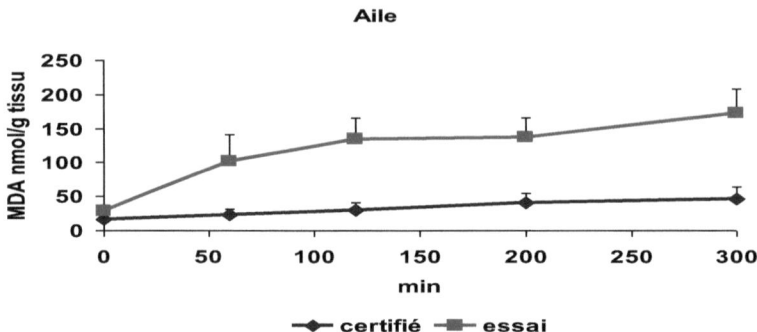

Figure 37 : **Peroxydation des lipides de l'aile en fonction du régime.**

Globalement, le potentiel de peroxydation est plus élevé chez les animaux recevant le régime essai (lin) à l'exception d'un tissu, le filet, qui montre un potentiel à T0, et uniquement à ce temps, supérieur chez les poulets certifiés par rapport aux animaux ayant consommé le régime essai (lin).

Les analyses ont été refaites pour ce site et les premiers résultats ont été confirmés, ce qui reste surprenant. On peut également constater, indépendamment du régime, qu'il existe un potentiel différent entre les différents tissus. Globalement, la peroxydation est faible pour la cuisse alors qu'elle est élevée pour le filet et intermédiaire pour l'aile.

Cette tendance est contraire à ce qu'affirme Dalle Zotte (2004), qui dit que la sensibilité à l'oxydation au cours de la conservation de la viande dépend de l'effet conjoint des teneurs en AGPI et en fer héminique de la viande. Ainsi pour cet auteur, le fer constitutif de l'hème de l'hémoglobine et de la myoglobine, ainsi que de la ferritine, accélère l'oxydation des lipides. Toutefois, la bibliographie ne donne pas plus d'information sur ce sujet.

Etant naturellement bien pourvue en AGPI, la viande de poulet est sujette à la peroxydation de sa fraction lipidique. Et ce processus est à l'origine de la détérioration de la qualité organoleptique et technologique de cette denrée ainsi que de sa valeur nutritionnelle. Pour contrecarrer ce phénomène, l'utilisation d'antioxydants tels que la vitamine E, s'avère intéressant, vu le rôle protecteur vis-à-vis du stress oxydant et les peroxydations lipidiques (Lin et al., 1989 ; Castellini et al., 1998 ; Corino et al., 1999).

III-5 - Conclusion et perspectives

Comme le montrent nos résultats, l'établissement de la relation entre les lipides ingérés par l'animal et ceux déposés dans les différents tissus montre qu'il est possible d'améliorer la qualité de la viande de poulet, en particulier sa teneur en acides gras polyinsaturés n-3, en incorporant des graines de lin extrudées dans l'aliment.

En effet, les poulets ayant reçu ce type d'aliment présentent une plus grande richesse en acides gras oméga 3 (ALA, EPA et DHA) mesurés dans les différents tissus. Le rapport LA/ALA est le plus faible chez les animaux recevant les graines de lin extrudées : il est diminué significativement (P<0,001) dans toutes les portions analysées en passant de pratiquement 12 à 3.

Ainsi donc, d'une part, un animal de rente tel que le poulet s'avère un bon vecteur de ces acides gras jugés bons pour la santé, et d'autre part, une cuisse ou un filet ne peuvent, à eux tout seuls, couvrir entièrement nos besoins quotidiens en ces acides gras. D'où l'intérêt de raisonner en termes de menu plutôt que d'un aliment unique.

DISCUSSION GENERALE

Discussion générale

Pour une bonne santé, l'homme doit trouver via son alimentation un apport minimum en acides gras de la série oméga-3. Chez les animaux d'élevage, comme le lapin et le poulet, l'utilisation de graines de lin extrudées, qui contiennent environ 20 % du précurseur de cette famille, dans l'aliment permet d'enrichir les lipides déposés dans la carcasse en AGPI n-3. Les produits animaux, notamment la viande, sont alors moins riches en lipides et en graisses saturées, plus particulièrement en acide palmitique (C16 : 0) et en acides gras n-6, ce qui a pour conséquence d'améliorer la qualité nutritionnelle de cette viande.

Toutefois, cet enrichissement en oméga 3 et cet appauvrissement en oméga 6 et en AGS dépendent de la quantité de graines de lin extrudées incorporées. Cet accroissement en oméga 3 concerne à la fois le précurseur, l'acide alpha-linolénique (C18 :3 n-3 ; ALA), et ses dérivés à longue chaîne, notamment l'acide eicosapentaénoïque (C20 :5 n-3 ; EPA) et l'acide docosahexanoïque (C22 :6 n-3 ; DHA), qui jouent un rôle primordial surtout ce dernier, qui intervient dans le développement du cerveau et du système nerveux. L'EPA ainsi que le DHA possèdent un effet hypotriglycéridémiant reconnu, dû en partie à leur effet sur la régulation génique de la lipogenèse.

Ainsi, en remplaçant 8% de graines de tournesol par 8% de graines de lin dans le régime, Dal Bosco et al. (2004) ont fait passer la teneur en DHA de la viande de lapin de 0,56 à 0,98% des AG totaux et celle en EPA de 0,20 à 0,40%. De telles teneurs permettent de couvrir totalement les ANC pour ces deux acides gras avec la consommation de 100 g de viande de lapin. Ces modification doivent être soulignées car la teneur en DHA de l'aliment n'avait pas changé : il était pratiquement indétectable. Ce qui signifie qu'à partir de l'acide alpha-linolénique, le lapin est capable de convertir ce dernier en ses dérivés à longue chaîne.

Toutefois, il faut signaler que la synthèse de ces acides gras à partir de l'ALA s'avère souvent insuffisante (Alessandri et al., 2009 ; Hermier, 2010 ; Simopoulos, 2010), particulièrement chez le lapin où le taux de conversion est très limité. Ce faible rendement s'explique par la compétition entre les deux séries des AGPI n-6 et n-3 quant aux enzymes désaturases, notamment la Δ5 et la Δ6, impliquées dans leur métabolisme. L'enzyme Δ6 désaturase est l'enzyme limitante de cette réaction, car elle seule peut débuter la synthèse des acides gras à longue chaîne (Stoffel et al., 2008).

Discussion générale

Et vu l'importance de cette série des AGPI n-3 sur la santé humaine, particulièrement dans la prévention de certaines pathologies telles que certains cancers (Judé et al., 2006 ; Kimura et al., 2007 ; Kim et al., 2009), certaines maladies psychiatriques (Assies et al., 2001 ; Richardson et Puri, 2002 ; Spahis et al., 2008), mais surtout les maladies cardiovasculaires (Christensen et al., 1996 ; Wongcharoen et Chattipakorn, 2005), il est nécessaire d'essayer d'augmenter leur apport dans l'alimentation de l'Homme d'autant plus que la consommation moyenne actuelle en ces acides gras à travers le monde est nettement insuffisante par rapport aux ANC (Apports Nutritionnels Conseillés) émanant de l'AFSSA (2001 et même dans sa dernière version de 2010).

C'est ainsi qu'actuellement et dans la perspective d'améliorer la qualité nutritionnelle des viandes des animaux, leurs rations alimentaires sont enrichies en lipides bien pourvus en acides gras polyinsaturés (AGPI) de type n-3 et/ou n-6 au cours de la période de finition. Dans ce contexte, les trois études que nous avons menées sur le lapin nous ont permis de constater les effets suivants engendrés par des régimes à base de graines de lin extrudées et concernant différents paramètres :

> **Effets de l'aliment sur les performances de croissance des lapins**

Il ressort des trois travaux menés que le poids de la carcasse des animaux n'est pas différent selon les régimes consommés. Il semble donc qu'il n'existe pas d'effet de l'apport d'AGPI n-3 sur les performances de croissance des animaux ni sur leur composition corporelle, puisque les différents poids ou rendements obtenus par les animaux nourris avec l'aliment standard sont presque identiques, et même quand il y a une différence, celle-ci n'atteint pas le seuil de signification.

Nos résultats confirment ainsi ceux de travaux précédents toujours chez le lapin (Fernandez et Fraga, 1996 ; Bernardini et al., 1999 ; Dal Bosco et al., 2004 ; Kouba et al., 2008) et chez le porc (Kouba et Mourot, 1999 ; Bee et al., 2008 ; Corino et al., 2008 ; Guillevic et al., 2009b).

Au contraire, dans les travaux de Colin et al. (2005), la vitesse de croissance des lapins nourris à base de graines de lin était significativement inférieure à celle des lapins du lot témoin conduisant à un poids à l'abattage inférieur de 30 g (2374 vs 2404 g). Cette tendance est également la même pour Bernardini et al. (1997, cités par Colin et al., 2005).

Discussion générale

Il en est ainsi même quand il s'agit d'incorporer de l'huile de lin dans le régime, puisque Verdelhan et al. (2005) ont enregistré une diminution significative des performances de croissance de lapins nourris avec un aliment enrichi en cette huile (2 %) par rapport aux témoins : ils pesaient 70 g de moins que ces derniers. L'effet est le même avec cette fois-ci des tourteaux de lin sur des lapins de 5 à 13 semaines d'âge, puisqu'une diminution significative de la croissance des animaux a été enregistrée au-delà de 7 % d'incorporation de ces tourteaux (Amber et al., 2002).

> **Effets de l'aliment sur la qualité nutritionnelle de la viande**

D'après la collecte des différents résultats obtenus pour les trois études, il s'avère que l'incorporation de graines de lin extrudées dans le régime du lapin n'affecte pas significativement la quantité de lipides déposée dans la carcasse. Ces études confirment ainsi les résultats déjà obtenus par d'autres auteurs toujours chez le lapin (Kouba et al., 2008) et chez le porc (Riley et al., 2000 ; Haak et al., 2008).

Ceci pourrait s'expliquer par le fait que la nature de l'aliment n'affecte pas les enzymes de la lipogenèse, notamment l'activité de l'enzyme malique. En effet, selon Mourot et al. (1999), plus l'activité de cette enzyme est importante, plus la teneur en lipides totaux des muscles est élevée. De même, l'effet inhibiteur des acides polyinsaturés sur la lipogenèse hépatique chez le lapin est connu (Gondret, 1999) d'autant plus que chez les jeunes animaux, la synthèse des acides gras s'effectue essentiellement dans le foie.

Il faut signaler également que pris séparément, la teneur en lipides totaux des différents tissus analysés ne montre pas de différence significative selon le régime, à l'exception du foie, ce qui prouve encore que ce site est le siège privilégié de la lipogenèse chez cet animal (Gondret, 1999). Toutefois, Colin et al. (2005) ont remarqué que l'enrichissement de l'aliment en oméga 3 provoque une modification de la teneur en matière grasse variable selon les morceaux : accroissement dans l'épaule et baisse dans trois autres morceaux (cuisse, râble et foie).

Concernant le profil en acides gras, les trois études montrent que le lapin, à l'image des autres animaux monogastriques, présente une corrélation positive entre les AG ingérés et ceux déposés au niveau de sa carcasse (Mourot, 2010b).

Discussion générale

La composition en AG de tous les muscles analysés, le *Longissimus dorsi* (LD ; long dorsal), le semimembraneux, la cuisse, le foie, ... a été influencée par la nature du régime. En effet, les résultats obtenus montrent qu'il est possible d'augmenter la teneur en AGPI n-3 des muscles et de la viande du lapin en lui donnant un régime contenant des graines de lin extrudées.

Ainsi, concernant par exemple la composition en AG n-3 du LD, on remarque que lors de la première étude, la teneur en ALA est passé de 1,52 % chez les animaux témoins à 3,96 % chez ceux nourris à base de graines de lin extrudées ($P < 0,001$). L'acide eicosapentaénoïque (EPA), lui, est passé de 0,32 % à 0,43 % ($P < 0,001$) chez les deux lots d'animaux correspondants. L'acide docosahexanoïque (DHA) est passé, quant à lui, de 0,19 % à 0,26 % ($P < 0,01$) chez les deux groupes respectivement.

C'est ainsi que le taux total des AGPI n-3 a été significativement augmenté puisqu'il est passé de 30,42 % à 33,95 % pour le régime lin ($P < 0,001$). L'augmentation de ce type d'acides gras s'est faite au détriment des AGS et des AGMI, puisque leurs taux ont significativement diminué en présence du régime lin (38,39 % vs 39,31 % et 27,66 % vs 30,27 %, respectivement pour des acides gras saturés et monoinsaturés.

Parmi les résultats de la deuxième étude, on a enregistré pour le foie des teneurs en AGPI n-3 (ALA, EPA, DPA et DHA) significativement supérieures pour le lot lin par rapport au témoin (6,70 %5,53 %, 1,34 % vs 0,96 %, 1,33 % vs 1,23 % et 0,75 % vs 0,69 % respectivement). Ainsi donc, la proportion de l'ensemble des AG n-3 est passée de 8,80 % chez les témoins à 10,12 % chez les lapins nourris avec du lin.

Ainsi, nos résultants montrent que l'enrichissement du régime avec des grains de lin extrudées conduit à augmenter le dépôt de ces derniers aussi bien dans les muscles que dans les tissus adipeux, résultats conformes à ceux trouvés toujours chez cet animal (Bernardini et al., 1999 ; Dal Bosco et al., 2004 ; Combes et Cauquil, 2006a et b ; Petracci et al., 2009), chez le porc (Enser et al., 2000 ; Kouba et al., 2003)) et chez le poulet (Chanmugam et al., 1992 ; Lopez-Ferrer et al., 2001 ; Crespo and Esteve-Garcia, 2002).

D'après Lebas (2007), l'augmentation des teneurs en EPA ou en DHA dans la viande des lapins, suite à des modifications de la ration n'impliquant aucun apport supplémentaire en ces acides gras dans l'aliment (luzerne, graines de lin), est en grande partie due à la biosynthèse effectuée par leur organisme à partir de leur précurseur ALA, mais aussi par leur flore digestive. En effet, l'ingestion des caecotrophes, produits de la fermentation (corps bactériens principalement), participe à cet accroissement.

Cette affirmation a été donnée par Castellini et al. (2002, cités par Lebas, 2007) qui ont montré que les teneurs en acides gras polyinsaturés à chaîne longue sont significativement réduites dans la viande de lapins privés de l'ingestion de ces cæcotrophes. Ceci est en grande partie expliqué par la forte proportion de phospholipides provenant des membranes cellulaires des bactéries, sachant que ces dernières représentent plus de 50% de la masse de ces crottes liquides. Accessoirement, l'ingestion des cæcotrophes permet également la diminution de la proportion d'acides gras saturés dans la viande (Lebas, 2007).

Ainsi, en remplaçant 8 % de graines de tournesol par 8 % de graines de lin, Dal Bosco et al. (2004) ont fait passer la teneur en DHA de la viande de lapin de 0,56 à 0,98 % des AG totaux et celle en EPA de 0,20 à 0,40 %. De telles teneurs permettent de couvrir totalement les ANC pour ces 2 acides gras avec la consommation de 100 g de viande de lapin. A signaler que ces augmentations ont eu lieu sans modification de la teneur en DHA de l'aliment : il était pratiquement indétectable.

De leur côté, Castellini et al. (1999) ont montré qu'il est possible de faire passer la teneur en DHA de 0,04 à 0,55% des AG totaux dans les lipides intramusculaires, en incorporant 38 % de luzerne dans une ration simplifiée (luzerne + tourteau de soja + issues de céréales). En fonction de sa teneur en ALA, une portion de 100 g de viande de lapin peut être considérée comme « riche en acides gras oméga 3 » si elle couvre 30 % des ANC pour l'homme, et comme « source d'acides gras oméga 3 » si elle n'en apporte que 15 % (annexe 8).

A signaler que notre choix d'utiliser une faible quantité de graines de lin relève de l'ordre économique et donc dicté par le prix élevé de cette matière, qui fait que cet aliment destiné aux lapins coûte cher. Et comme le taux d'incorporation de ces graines a été diminué dans nos essais, la quantité de la vitamine E utilisée était également inférieure à celle incorporée par ces auteurs précédemment cités (30 mg/kg contre 200 mg/kg).

Cet accroissement de la teneur en ALA et les autres acides gras n-3, se fait généralement au détriment des teneurs en acide linoléique (C18:2 n-6), et en acide oléique (C18:1) (Lebas, 2007). Dans la plupart des travaux, la proportion d'acides gras saturés ne varie pas (cas de la deuxième étude) ou diminue significativement lors de l'accroissement du taux d'acide α-linolénique dans l'aliment (cas de la première étude) (Castellini et al., 1999 ; Colin et al., 2005).

Cette baisse dans la proportion de l'acide linoléique peut s'expliquer par le fait que les acides linoléique et α-linolénique, précurseurs des deux familles, entrent en compétition au niveau des enzymes responsables du métabolisme des AGPI à longue chaîne, notamment la Δ6 et la Δ5 désaturases. Il existe, en effet, une compétition de substrats particulièrement pour la Δ6 désaturase.

L'affinité de cette dernière pour le C18 :3 n-3 est beaucoup plus importante de manière qu'il existe un ratio oméga 6/oméga 3 permettant une bonne conversion des acides gras essentiels. En plus, un apport élevé en acide alpha-linolénique inhibe la désaturation de l'acide linoléique. Ainsi, les effets antagonistes des deux séries d'acides gras n-6 et n-3 doivent être pris en considération pour atteindre un équilibre optimal afin d'assurer à la fois l'homéostasie et le développement normal de l'organisme.

De même, l'accroissement de la quantité des AGPI n-3 suite à l'ingestion d'un régime riche en graines de lin se fait aussi bien au détriment des AGMI que des AGS. Concernant ces derniers, on remarque que la teneur en acide palmitique (C16 :0), qui est l'acide gras le plus abondant dans la chair du lapin, voit sa teneur diminuer en présence de graines de lin dans l'aliment, et ce, aussi bien au niveau du muscle (28,64 % vs 27,73 % ; P < 0,05)) que du gras de la carcasse (31,65 % vs 28,65 % ; P < 0,001) pour l'étude I.

Le lapin, de par son régime à base généralement de luzerne, bonne source d'oméga 3, présente une viande assez équilibrée en différentes classes d'AG avec une plus forte proportion en AGPI comparativement aux autres viandes (Dalle Zotte, 2004). Ainsi, selon Combes (2004), les AG de la viande de lapin sont composés en moyenne pour 39 % d'AGS (acides gras saturés), pour 28 % d'AGMI (acides gras monoinsaturés) et 33 % d'AGPI (acides gras polyinsaturés) et le ratio AGS/AG insaturés est égal à 0,6.

Toutefois, Szabo et al. (2004) ont remarqué une réversibilité des profils en acides gras de la viande de lapin lorsque les proportions en acides gras dans le régime sont modifiées. Ainsi, pour ces auteurs, la composition en acides gras des muscles est réversible en fonction du temps et de la distribution des régimes.

Discussion générale

Toujours selon ces mêmes auteurs, l'effort physique semble également affecter le profil des AG, et ce, en diminuant la proportion des AGPI, notamment à plus de trois doubles liaisons.

C'est ainsi que Gigaud et Le Cren (2006) ont obtenu une composition comparable en lipides chez des lapins abattus à l'âge de 71 jours qui recevaient un régime riche en C18:3 n-3 (0,8%) depuis le sevrage à 35 jours ou seulement depuis l'âge de 50 jours.

Il semble, toutefois, que l'influence du profil en acides gras alimentaires est plus marquée sur le gras que sur les muscles. En effet, Xiccato (1999) a remarqué que l'influence du profil en acides gras de la ration semblait être plus marquée sur la composition en AG des tissus adipeux dissécables que sur les lipides intramusculaires.

Ainsi donc, les lipides des tissus adipeux comme les lipides intramusculaires ont un "turn over" relativement rapide (Gondret, 1998) et, par conséquent, tout changement dans la composition en lipides de la ration se répercute assez rapidement sur celle des lipides de la carcasse du lapin. A signaler que chez le lapin, les masses adipeuses sont principalement périrénales et sous-cutanées (Vézinhet et Prud'hon, 1975, cités par Gondret, 1999).

Ainsi, nos résultats ont confirmé les tendances constatées dans des travaux précédents, à savoir que la synthèse de *novo* d'acides gras est plus importante au niveau du gras périrénal que dans les gras subcutané et interscapulaire (Gondret et al., 1997). Concernant l'effet site, la lipogenèse est plus accrue dans le gras périrénal que le gras interscapulaire chez les animaux nourris à base de graines de lin. Toutefois, la supplémentation du régime avec des AGPI n-3 a un effet dépressif sur l'activité des enzymes lipogéniques du foie et des gras aussi bien périrénal qu'interscapulaire.

La réduction de la lipogenèse chez les lapins nourris à base de graines de lin au niveau de ces tissus a pour conséquence de diminuer leur teneur en lipides totaux. Ces résultats sont en accord avec de précédentes études qui ont montré que les AGPI inhibent la lipogenèse, notamment hépatique chez cet animal (Gondret, 1999 ; Corino et al., 2002).

L'établissement de la relation entre les lipides ingérés par l'animal et ceux déposés dans les tissus montre qu'il est possible d'améliorer la qualité de la viande de lapin susceptible d'apporter ces acides gras oméga 3 en quantités conséquentes, et de couvrir une partie importante des besoins quotidiens de l'Homme.

La conséquence de la corrélation positive existant entre les acides gras alimentaires n-3 et ceux déposés dans la viande (Gondret et al., 1998), se concrétise par la très grande malléabilité de la composition des graisses du lapin. Ceci est la conséquence d'un faible lipogenèse endogène chez cet animal, qui fixe donc de préférence les acides gras qui sont fournis par son alimentation (Lebas, 2007).

Ce présent travail a aussi montré une amélioration des rapports AGPI/AGS et LA/ALA dans les muscles et les tissus adipeux chez les animaux nourris à base de graines de lin ; à l'inverse, le régime n'a pas eu d'effet sur ces ratios au niveau du foie. Cet effet favorable a déjà été rapporté dans d'autres travaux (Kouba et al., 2008).

Concernant les lipides neutres et polaires, la nature du régime affecte significativement la teneur en AGPI n-3. Toutefois, on note l'absence d'effet pour le C18:2 n-6 dans les lipides polaires, mais une différence significative pour les lipides neutres en faveur du régime lin. En proportion, par rapport à la fraction neutre, les lipides polaires vont contenir davantage de C20:4 n-6. Cette tendance a été déjà démontrée chez le porc par Avézard et al. (2008).

La proportion de C18 :3 n-3 est plus grande au niveau des lipides neutres, alors que la fraction des AG n-3 à longue chaîne y est presque négligeable et ils se retrouvent essentiellement dans les lipides polaires. Ainsi donc, les acides gras n-3 à longue chaîne semblent se déposer préférentiellement au niveau des membranes des cellules, ce qui peut les protéger au cours de la transformation. On peut donc penser qu'ils sont davantage protégés dans les phospholipides (Guillevic et al., 2007).

Concernant les AGS, on remarque que leurs teneurs sont plus importantes pour les échantillons du régime lin, et ce, aussi bien pour les lipides polaires que neutres. La tendance est inversée pour les AGMI, puisqu'ils sont moins présents dans ces tissus.

> **Effets du régime sur la lipogenèse**

La synthèse des lipides a lieu dans la plupart des tissus. Toutefois, le tissu adipeux (porc, bovin) ou le foie (oiseux, lapin, homme) constituent les sites privilégiés de la lipogenèse de *novo* (Gondret, 1997). Cet aspect du travail a fait l'objet de la deuxième publication. L'estimation de l'activité des différentes enzymes de la lipogenèse réalisée *in vitro* sur homogénat de tissu permet une mesure du potentiel de synthèse et non une mesure réelle.

Les enzymes étudiées sont la synthase des acides gras (FAS pour fatty acid synthase), l'enzyme malique (EM) et la glucose-6-phosphate déshydrogénase (G6PDH). Ces deux dernières n'interviennent pas directement dans la lipogenèse, mais jouent le rôle de fournisseur du NADPH, co-facteur indispensable et souvent limitant dans la synthèse des acides gras (Mourot et al., 1999 ; Salati et Amir-Ahmady, 2001).

Nos travaux ont montré que la nature du régime n'affecte pas l'activité des enzymes lipogéniques dans *le Longissimus dorsi* . Même observation a été déduite par Gondret (1997), qui a conclu que la nature des AG alimentaires n'avait pas d'influence sur les activités des enzymes de la synthèse de *novo* d'acides gras dans le LD. Ainsi, dans le muscle, aucune variation de ces activités enzymatiques n'est significative.

Toutefois, la synthèse des lipides est affectée par la nature des régimes dans les autres sites : l'activité de la FAS est diminuée significativement chez les lapins nourris à base de graines de lin extrudées dans le foie (183 µmol NADPH utilisée/min/g de tissu avec l'aliment témoin *vs* 108 avec le régime lin ; $P < 0,01$), dans le TA (tissu adipeux) périrénal (106 µmol NADPH utilisée/min/g de tissu *vs* 81 respectivement ; $P < 0,05$) et dans le TA interscapulaire (79 µmol NADPH utilisée/min/g de tissu vs 61 ; $P < 0,05$).

L'activité de l'enzyme malique diminue aussi dans le foie (2 µmol NAPDH formée/min/g de tissu avec le régime témoin *vs* 0,61 avec l'aliment lin ; $P < 0,01$)), dans le gras périrénal (0,65 µmol NAPDH formée/min/g vs 0,36 respectivement pour les deux lots ; $P < 0,05$) et au niveau du gras interscapulaire (0,69 µmol NAPDH formée/min/g vs 0,51 ; $P < 0,05$).

La glucose-6-phosphate déshydrogénase voit, elle aussi, son activité suivre la même tendance, puisqu'on a enregistré une diminution significative dans le foie (13 µmol NAPDH formée/min/g de tissu pour l'aliment témoin vs 10 pour le régime lin ; $P < 0,05$), dans le gras périrénal (8 µmol NAPDH formée/min/g vs 6 respectivement ; $P < 0,01$) et dans le gras interscapulaire (5 µmol NAPDH formée/min/g vs 4 respectivement ; $P < 0,01$).

Discussion générale

Cette baisse de l'activité de ces trois enzymes lipogéniques s'est traduite par une diminution de la teneur en lipides totaux du foie (2,77 g vs 2,18 g respectivement pour le lot témoin et le lot lin ; $P < 0,05$), du gras périrénal (24,6 g vs 19 g respectivement pour les deux groupes d'animaux ; $P < 0,05$) et du gras interscapulaire (15 g vs 11 g ; $P < 0,05$). Au contraire, il n'y a pas eu de modification au niveau du muscle LD paré ($P > 0,05$).

Nos résultants ont confirmé les tendances constatées dans des travaux précédents : la synthèse de *novo* d'acides gras est plus importante au niveau du gras périrénal que dans les gras subcutané et interscapulaire (Gondret et al., 1997). Concernant l'effet site, la lipogenèse est plus accrue dans le gras périrénal que le gras interscapulaire chez les animaux nourris à base de graines de lin. Toutefois, la supplémentation du régime avec des AGPI n-3 a un effet dépressif sur l'activité des enzymes lipogéniques du foie et des gras aussi bien périrénal qu'interscapulaire.

Ainsi, l'apport d'acide alpha-linolénique (ALA) dans le régime du lapin permet de diminuer les activités de synthèse des lipides et d'obtenir ainsi une meilleure qualité de carcasse avec la diminution de la teneur en lipides par rapport à celle obtenue avec un régime standard. Gondret (1999) a déjà démontré que la présence d'AGPI dans un régime avait, en effet, une action inhibitrice sur la synthèse des lipides dans le foie chez le lapin.

> **Effets du régime sur l'activité de la Δ 9-désaturase**

Communément appelée la stéaroyl-CoA désaturase (SCD), cette enzyme hépatique permet de synthétiser des acides gras monoinsaturés à partir des acides gras saturés (Nakamura et Nara, 2004). Elle est située au niveau de la membrane du réticulum endoplasmique (Heinemann et Ozols, 2003). Elle constitue l'enzyme limitante dans la synthèse des acides gras monoinsaturés (AGMI) à partir de substrats spécifiques (Ntambi et al., 2002), soit le palmitate et le stéarate, transformés en palmitoléate et oléate respectivement.

A notre connaissance, pour la première fois, notre étude aborde cet aspect de l'activité de cette enzyme chez le lapin, d'où l'originalité de ce présent travail. Cet essai a montré que l'activité de cette enzyme est moins importante dans le foie du lapin comparativement à celle du poulet, mais plus proche de celle de la dinde (Kouba et al., 1993), et plus importante que celle du foie de porc (Kouba et al., 1997).

A signaler que de même pour les enzymes de la lipogenèse, l'activité de la SCD est plus importante dans le gras périrénal, et ce, indépendamment du régime. L'effet inhibiteur des AGPI sur l'activité de cette enzyme au niveau du foie et le tissu adipeux a été déjà démontré dans de précédents travaux au niveau du tissu adipeux chez le porc (Kouba et Mourot, 1998 ; Kouba et al., 2003) et plus récemment dans le muscle du bœuf (Waters et al., 2009). La même constatation a été donnée par Ntambi et al. (1996), qui a remarqué l'effet inhibiteur des AGPI n-6 et n-3 sur l'activité de la Δ9-désaturase.

L'absence d'effet du régime lin sur l'activité de cette enzyme dans le muscle du lapin démontré dans notre deuxième étude a déjà été observée au niveau du muscle de porc (Kouba et al., 2003). Toutefois, la dépression de l'activité de la delta 9-désaturase dans le foie et les tissus adipeux de lapins nourris à base de graines de lin par rapport à celle des animaux témoins est due à la réduction du pourcentage des acides gras monoinsaturés (AGMI).

Cette observation a été confirmée auparavant toujours chez le lapin (Kouba et al., 2008) et même chez le porc (Kouba et al., 2003). Cette étude a montré que la diminution du pourcentage des AGMI est due, du moins en partie, à la réduction de l'activité de la delta 9-désaturase.

> **Effets du régime sur l'activité de la β-hydroxyacyl-CoA déshydrogénase (HAD)**

En tant que 3ème et caractéristique enzyme de la β-oxydation, l'activité de la HAD témoigne du métabolisme oxydatif des acides gras (Cassy et al., 2005). Nos résultats ont montré que l'activité de cette enzyme a augmenté dans le muscle des lapins nourris avec un régime de graines de lin (3,71 vs 2,85 µmol NADH disparu/min/g tissu ; $P < 0,05$).

Des études précédentes ont également prouvé l'augmentation de la β-oxydation au niveau des tissus adipeux chez la souris dont le régime est supplémenté en EPA et DHA. Il est, en effet, connu que les AGPI n-3 favorisent la transcription de la régulation de l'oxydation des acides gras, à travers l'activation du PPAR (Peroxysome proliferator-activated receptor) (Mori et al., 2000 ; Mori et al., 2003).

Ceci pourrait expliquer le fait que les animaux ayant reçu un régime plus riche en AGPI n-3 présentent un état d'engraissement plus faible par rapport aux témoins, même si les différences n'atteignent pas le seuil de signification.

Discussion générale

On remarque que l'indice de consommation est légèrement à l'avantage des lapins ayant consommé l'aliment standard (2,63 vs 2,99). Ainsi donc, les animaux les moins efficaces, nourris à base de graines de lin, présentent un plus grand potentiel d'oxydation des acides gras qui pourrait être lié à un turn-over lipidique plus important.

Cette même constatation a été donnée par Cassy et al. (2005) chez le poulet, où les animaux les moins efficaces présentaient une activité de la HAD supérieure par rapport aux poulets qui enregistraient un meilleur indice de consommation.

> **Effets du régime sur la peroxydation des lipides de la viande**

Les AGPI sont très sensibles aux processus de peroxydation tant pendant la vie de l'animal que dans les viandes produites (Gladine, 2007). En effet, de nombreux travaux ont montré que certaines situations telles que le stress de l'animal au moment de l'abattage favorisaient le stress oxydant (Chirase, 2004). De même, certains procédés de conditionnement des viandes, tels le conditionnement sous film perméable à l'air ou sous atmosphère modifiée riche en oxygène, stimulaient la lipoperoxydation (Gobert, 2010).

Nos travaux concernant cet aspect ont montré que les tissus issus des animaux ayant reçu les régimes à base de graines de lin présentaient des valeurs TBARS plus élevées que celles des morceaux provenant des lapins témoins. A noter que la valeur TBARS obtenue dans la première étude pour le régime lin à 0 minute était conforme à celle enregistrée par Castellini et al. (1998) sur muscle frais toujours pour l'aliment test (lin).

Nos résultats montrent que les lipides du *Longissimus dorsi* des animaux ayant consommé du lin présentaient une susceptibilité à l'oxydation plus importante. A l'inverse, Castellini et al. (1998) et Dal Bosco et al. (2004) ont trouvé que les valeurs TBARS du *Longissimus dorsi* et de la viande crue étaient significativement moins susceptibles à la peroxydation de leurs lipides.

Ceci pourrait être expliqué par le fait que ces auteurs ont utilisé des doses de la vitamine E plus élevées dans le régime alimentaire à base de lin des animaux, d'où l'augmentation de la teneur des tissus des lapins en cette vitamine, comme cela a été démontré par Oriani et al. (2001).

Or, un grand nombre de travaux mettent en relief l'effet antagoniste de cette dernière sur la peroxydation des lipides puisqu'elle agit comme

Discussion générale

antioxydant et protège ainsi la viande de se détériorer, comme le montrent les travaux de Lin et al. (1989) chez la volaille et ceux de Monahan et al. (1992) chez le porc.

Concernant la peroxydation des lipides particulièrement chez le lapin, elle est surtout due à la grande susceptibilité des AGPI à l'oxydation, puisque la caractéristique de sa viande est d'être bien pourvue en cette catégorie d'acides gras. Et nourrir cet animal avec un aliment à base de graines de lin extrudées accroit davantage la proportion de ces acides gras qui seront déposés, ce qui explique les fortes valeurs TBARS enregistrées lors de cet essai aussi bien au niveau des muscles que des tissus adipeux.

Cette tendance est la même que celle donnée par Kouba et al. (2008), et plus récemment par Petracci et al. (2009). Nos résultats ont montré que le gras est plus susceptible à l'oxydation que les muscles, et cela peut s'expliquer par la plus forte teneur en lipides, notamment en AGPI, du gras périrénal. Cette observation a été également notée chez le mini-porc Guizhou (Yang et al., 2010).

Afin de limiter ces processus de lipoperoxydation, il est préconisé de rajouter une certaine quantité d'antioxydant tel que la vitamine E. Dans nos travaux, on en a utilisé 30 mg / kg d'aliment, une teneur beaucoup moins importante que celle employée par Bernardini et al., (1999) et Dal Bosco et al. (2004) (200 mg / kg d'aliment). Toutefois, ces auteurs ont incorporé plus de graines de lin dans les aliments distribués. Et pour Gobert (2010), un apport combiné de vitamine E associé à des extraits végétaux riches en polyphénols permettait de réduire l'apparition de malondialdéhyde (MDA), produit final de la peroxydation des AGPI.

> **Effet cuisson sur la qualité de la viande**

Nos résultats (1ère étude) montrent que la viande cuite présente une teneur en lipides et en acides gras plus élevée que la viande crue, et ce, quel que soit le régime. L'augmentation dans ces teneurs est due aux pertes d'eau lors de la cuisson. A signaler que nous avons considéré les morceaux de viande cuite susceptibles d'être consommés, sans prendre en compte la part de ce qui est perdu dans l'eau.

Cette augmentation des proportions de lipides ou d'acides gras dépasse 35 % et 41 %, respectivement dans la viande cuite des lapins nourris avec le régime témoin et celle des animaux alimentés avec les graines de lin, à l'exception de l'acide linolénique (C18 :2 n-6), qui augmente de façon moins importante (33 % et 38 % respectivement). Cette tendance pourrait être expliquée par le fait que les AGPI n-3 sont moins sensibles à l'altération par cuisson.

La viande cuite de lapins nourris à base de graines de lin contient approximativement 603 mg d'ALA (C18 : 3 n-3) et 7,3 mg de DHA (C22 : 6 n-3) par 100 g. Cette quantité représente environ 29-38 % et 6 % des besoins quotidiens recommandés (Legrand, 2004). La cuisson ne semble pas altérer les proportions des oméga 3, alors que l'effet est défavorable sur les AGPI n-6. Toutefois, Zsédely et al. (2008) ont trouvé que la cuisson de la viande de cet animal n'altère pas le profil en acides gras.

Concernant, la susceptibilité à la peroxydation Castellini et al. (1998) et Dal Bosco et al. (2004) ont trouvé que la viande crue des lapins était significativement moins susceptible à la peroxydation de ses lipides. Ceci pourrait être expliqué par le fait que ces auteurs ont utilisé des doses de la vitamine E plus élevées dans le régime alimentaire à base de lin des animaux, d'où l'augmentation de la teneur des tissus des lapins en cette vitamine, comme cela a été démontré par Oriani et al. (2001)

On peut dire donc que l'enrichissement de l'aliment lapin avec des graines de lin extrudées permet une production de viande plus riche en AGPI n-3 qu'avec un régime standard. De même, il s'avère qu'il n'y a pas d'effet défavorable de la haute teneur du muscle en AGPI n-3 sur sa susceptibilité à la peroxydation, surtout avec une certaine quantité d'antioxydants tels que la vitamine E.

Dans la partie concernant le poulet, celle-ci a été menée à titre comparatif par rapport à la viande de lapin. Dans l'étude IV, portant sur l'effet de l'ajout des huiles de soja et de tournesol (sources d'AGPI n-6 et n-3) dans le régime des animaux, les résultats n'ont montré aucune différence significative sur les différents paramètres étudiés. En effet, la nature de l'aliment n'a pas affecté les performances de croissance des poulets. Ces résultats sont conformes à ceux des travaux précédents chez d'autres espèces également telles que le lapin (Combes, 2004 ; Dal Bosco et al., 2004 ; Kouba et al., 2008) et le porc (Kouba et al., 2003 ; Guillevic et al., 2009a).

Ainsi donc, même si les performances de croissance du lot soja étaient légèrement supérieures, elles n'ont pas atteint le seuil de signification. Ce léger avantage pourrait s'expliquer par le taux de protéines de ce régime un peu plus élevé que dans les deux autres aliments, connaissant l'effet favorable des protéines sur le gain de poids (Bregendahl, 2002).

En dépit de l'absence d'effet de l'enrichissement en AGPI du régime alimentaire sur les performances de croissance de cet animal, il est préconisé toutefois d'éviter une déficience en acide linoléique chez le poussin car elle entraîne un retard de croissance, une accumulation de graisse au niveau du foie et des symptômes respiratoires (Cherian, 2007).

Dans la deuxième étude consacrée toujours au poulet (étude V), un lot d'animaux consommant un régime à base de graines de lin extrudées à raison de 4 % est comparé à un lot témoin recevant un aliment standard. L'objectif étant de voir l'impact d'un enrichissement de l'aliment en AGPI n-3 par le biais des graines de lin sur la composition en AG de la carcasse et des morceaux de découpe.

Nos résultats montrent que l'enrichissement du régime avec des graines de lin extrudées, forte source d'AGPI n-3, conduit à augmenter significativement le dépôt de ces derniers dans tous les muscles analysés. En effet, aussi bien pour la carcasse entière que les morceaux de découpe, la teneur en lipides est significativement ($P < 0,001$) plus élevée pour les animaux du régime témoin (certifié) que pour l'aliment lin.

Cette tendance a été observée par Bouderoua et al. (2006) avec des poulets ayant consommé un aliment témoin (67 % de maïs) pour un lot, et un aliment à base de gland de chêne vert et de maïs (à 33,5 % chacun) : le taux des lipides était supérieur dans tous les tissus des animaux du premier lot. Cette différence s'expliquait par le fait que les poulets nourris aux glands recevaient certainement un amidon moins digestible que celui apporté par la graine de maïs ; de ce fait, il y avait moins de substrats disponibles pour la lipogenèse hépatique (Mourot et Hermier, 2001).

Dans notre cas, le régime lin ne permettait pas une lipogenèse plus importante, car il est admis que les AGPI notamment n-3 réduisent cette synthèse (Gondret, 1999). Les oméga-3 diminuent l'expression des gènes de la lipogenèse de *novo* (acétyl-CoA-carboxylase, acides gras synthase, Δ9-désaturase, enzyme malique, ATP citrate lyase), et de la glycolyse (L-pyruvate kinase) qui génère de l'acétyl-CoA, précurseur de la lipogenèse de *novo* (Sampath et Ntambi, 2005).

Chez les oiseaux et les mammifères, le glycogène et les acides gras sont les deux sources de production d'énergie. L'utilisation des glucides (glycogénolyse ou glycolyse) est deux fois plus élevée dans les muscles blancs que dans les muscles rouges (Bacou et Vigneron, 1988), ce qui expliquerait la faible teneur en lipides du filet (muscle blanc) par rapport à la cuisse enregistrée lors de notre essai et dans d'autres travaux (Guillevic et al., 2010).

La quantité d'ALA (précurseur de la série des oméga 3) et de ses dérivés à longue chaîne était toujours significativement supérieure chez les poulets ayant consommé du lin comparativement aux témoins. Ainsi, les animaux expérimentaux montraient un pourcentage en cet acide gras 5 fois plus élevé dans leurs carcasses que celui des témoins. En termes de teneur, la valeur reste toujours significativement plus élevée dans tous les issus des poulets ayant consommé le régime à base de graines de lin ($P < 0,001$). Elle est multipliée par 4 pour la carcasse entière et par 3 pour le filet et les ailes et par 2,6 pour les cuisses (figure 32).

Les dérivés à longue chaîne d'ALA suivent la tendance de ce dernier : ils sont plus présents avec le régime lin. Il est admis que la viande de poulet est très pourvue en ces AGPI notamment les deux les plus importants sur le plan nutritionnel (EPA et DHA) (Mourot, 2010b). Cet effet positif sur la teneur en AGPI oméga 3 est obtenu par l'ensemble des auteurs aussi bien chez cette espèce que le lapin (Bianchi et al., 2006 ; Hernandez et al., 2007) que chez le porc (Ahn et al., 1996 ; Lebret et Mourot, 1998 ; Bryhni et al., 2000), ce qui engendre un meilleur ratio oméga 6 / oméga 3, accompagné d'une baisse en acides gras saturés (AGS) et en cholestérol.

Plusieurs auteurs recommandent d'augmenter le taux d'AGPI dans l'aliment pour améliorer la valeur nutritive de la viande (Ruiz et al., 2001; Brenes et al., 2008). Comme chez le reste des espèces monogastriques, la teneur en AG de la viande de poulet reflète celle apportée par le régime (Bou et al., 2006). Toutefois, le problème des AGPI est lié à leur grande susceptibilité à la peroxydation.

Discussion générale

Dans notre travail, le potentiel oxydatif était plus élevé chez les poulets nourris à base de graines de lin, à l'exception du filet où ce potentiel à T0 est supérieur chez les poulets témoins. Toutefois, il a été noté qu'il existe un potentiel oxydatif différent entre les différents tissus. Ainsi, la peroxydation est faible pour la cuisse, plus élevée dans le filet et intermédiaire pour l'aile. Pour éviter ou du moins minimiser cette détérioration des lipides, il est préconisé d'utiliser en parallèle une certaine dose d'antioxydant dans le régime.

Ainsi, la vitamine E empêche la peroxydation des lipides en jouant un rôle protecteur contre les radicaux libres (Avanzo et al., 2001). Un apport insuffisant en vitamine E et/ou en Se dans une ration riche en AGPI augmente la destruction des membranes des cellules et des mitochondries et provoque des myopathies chez le poulet de chair (Shivaprasad et al., 2002 ; Testai et al., 2010). De façon générale, il est recommandé d'ajouter 30 UI de vitamine E par kg d'aliment pour chaque 1% d'AGPI ajouté à l'aliment (Leeson et Summers, 2001).

En définitive, aussi bien chez le lapin que chez le poulet, incorporer des graines de lin dans le régime alimentaire s'avère être un bon moyen d'enrichir davantage la chair de ces deux animaux avec des acides gras bénéfiques à la santé humaine tels que notamment l'EPA et le DHA que l'organisme humain ne peut synthétiser, mais dont il dépend pour nombre de ses fonctions physiologiques au niveau particulièrement du système nerveux, entre autres.

Pour Cavani et al. (2009), la viande de poulet peut être considérée comme « aliment fonctionnel » ; elle contient des substances bioactives telles que les vitamines, les antioxydants et des acides gras polyinsaturés n-6 et n-3 qui ont des effets bénéfiques sur la santé de l'Homme. Il en est de même pour la chair de lapin qui est une viande pauvre en lipides, mais bien pourvue en AGPI, bénéfiques à la santé. Les protéines apportées par les deux types de viandes sont bien équilibrées en acides aminés.

L'alimentation de ces deux animaux monogastriques s'avère être un bon moyen pour enrichir davantage leur viande en AGPI n-3 et répondre favorablement aux recommandations nutritionnelles pour la partie lipidique de la ration alimentaire de l'Homme.

CONCLUSION ET PERSPECTIVES

Conclusion et perspectives

Au terme de ce travail, nous avons abouti à certaines conclusions quant à l'utilisation d'un certain type d'aliment pour les animaux, et ce, afin de répondre aux recommandations nutritionnelles pour l'Homme, qui émanent de différents organismes internationaux afin de prévenir certaines pathologies, qui se répandent de plus en plus dans le monde. Notre travail s'est intéressé à la fraction lipidique des aliments destinés aux animaux d'élevage (lapin et poulet de chair).

En dépit de leur mauvaise réputation, les lipides sont nécessaires à notre équilibre alimentaire et, par conséquent, au bon fonctionnement de notre organisme. Parmi cette catégorie de nutriments, les AGPI n-3 prennent une part primordiale dans le fonctionnement physiologique de notre système nerveux notamment. De ce fait, les recommandations émanant de différentes institutions spécialisées en nutrition vont dans le sens d'une augmentation de la consommation d'acides gras de la famille oméga 3 et d'une diminution de ceux de la série oméga 6 pour tendre vers un rapport oméga-6/oméga-3 voisin de 5.

Les différentes études menées aussi bien chez le lapin que chez le poulet de chair montrent que la viande de ces deux espèces animales présente de nombreux atouts qui peuvent être modulés par l'alimentation, notamment dans sa partie lipidique. Il s'avère donc que nourrir ces animaux avec un régime à base de graines de lin extrudées (source importante du précurseur d'oméga 3 : l'acide α-linolénique) est un moyen permettant d'enrichir davantage la chair de ces deux animaux en cet acide gras, bénéfique à la santé humaine.

La consommation moyenne d'oméga 3 dans presque toutes les populations du monde, à l'exception des Inuits (populations autochtones de la Sibérie, de l'Amérique du Nord et du Groenland) et d'autres populations de certaines îles consommant majoritairement des poissons et des algues, est très loin de la quantité préconisée, qui est de 2 g / jour. Il existe donc de la place pour des vecteurs alimentaires apportant ces acides gras oméga 3.

C'est ainsi qu'à travers la chair du lapin et du poulet nourris à base de régimes riches en AGPI n-3, l'Homme peut disposer de denrées alimentaires à même de lui permettre de prévenir quelques pathologies graves telles que les maladies cardiovasculaires et certains cancers. Nos travaux confirment, en effet, qu'en distribuant des aliments enrichis en

Conclusion et perspectives

graines de lin extrudées, source d'acides gras n-3, ces derniers sont déposés au niveau des carcasses des animaux.

La quantité du précurseur d'oméga 3, l'acide alpha-linolénique (ALA), se retrouve donc amplifiée dans l'ensemble des muscles et des tissus adipeux comparativement à ceux des sujets témoins, et ce, aussi bien chez le lapin que le poulet. Les dérivés à longue chaîne de ce précurseur, notamment l'EPA et le DHA ne se retrouvent que dans les produits d'origine animale.

Toutefois, l'augmentation de la quantité d'ALA dans la viande suite aux apports nutritionnels ne signifie pas pour autant que la proportion de ses dérivés à longue chaîne, notamment le DHA, augmente de façon aussi évidente que pour l'ALA. En effet, le taux de conversion d'ALA en DHA est assez faible particulièrement chez le lapin. D'où l'intérêt d'apporter davantage l'acide alpha-linolénique dans les régimes pour augmenter son taux et celui de ses dérivés à longue chaîne dans la viande.

Les processus de désaturation et d'élongation mis en jeu pour la biosynthèse de l'acide docosahexaénoïque (DHA) sont connus et largement diffusés, par contre les paramètres limitant cette action sont encore méconnus jusque-là. L'efficacité de la transformation d'ALA en DHA est encore plus faible chez l'homme puisqu'elle est estimée à moins de 1 %, d'où le fait qu'un simple apport d'ALA dans l'alimentation humaine (en utilisant une matière grasse végétale riche en cet acide gras, par exemple) ne soit pas suffisant vis-à-vis du système cardiovasculaire, car l'organisme a aussi besoin d'EPA et de DHA apportés par l'ingestion de produits animaux.

Ainsi, d'après nos différentes observations, l'objectif d'améliorer le profil en acides gras de la viande en introduisant des graines de lin extrudées dans les régimes alimentaires confirment la faisabilité de la démarche. Et la consommation de ces aliments n'affecte en rien les performances de croissance des animaux ni la qualité technologique de leur chair.

La hausse de la quantité des AGPI n-3 dans la viande de ces animaux répond aux attentes des organismes de nutrition, notamment l'AFSSA dans ses deux versions des Apports Nutritionnels Conseillés (ANC). Ainsi, le rapport oméga-6/oméga-3 est le plus faible chez les animaux recevant les graines de lin extrudées aussi bien pour le gras que pour les muscles.

A signaler aussi que l'acide alpha-linolénique se dépose de façon linéaire par rapport aux proportions ingérées. Avec les quantités utilisées, on n'a pas enregistré de plateaux, ceci suggère que des doses plus importantes peuvent être incorporées dans les régimes afin d'augmenter davantage les proportions de ces AG n-3 dans la viande des animaux.

Concernant leur acceptabilité, les viandes issues des animaux nourris à base de graines de lin semblent bien acceptées et appréciées des consommateurs, et ce, malgré la plus grande susceptibilité à la peroxydation de leurs lipides. L'incorporation de la vitamine E dans les régimes semble avoir un effet bénéfique sur ce processus de détérioration, puisqu'elle assure un effet protecteur contre le stress oxydatif (vitamine antioxydante).

Toutefois, dans nos travaux, la quantité de cette vitamine utilisée était plus faible (30 mg /kg d'aliment) que celle observée dans d'autres études, ce qui a fait que les tissus issus des animaux alimentés aux graines de lin extrudées présentaient des valeurs TBARS plus élevées que celles des tissus des animaux témoins.

Un apport original de notre travail a été d'étudier l'activité de la delta 9-désaturase chez le lapin. Sachant que le foie est le siège principal de la lipogenèse aussi bien chez le poulet que chez le lapin particulièrement jeune, notre travail a montré que l'activité de cette enzyme est moins importante dans le foie du lapin comparativement à celle du poulet. De même qu'elle est plus importante dans le gras périrénal, et ce, indépendamment du régime.

Notre étude a également démontré que le régime lin n'a pas eu d'influence sur l'activité de cette enzyme dans le muscle du lapin. Toutefois, une dépression de cette activité a été enregistrée dans le foie et les tissus adipeux comparativement aux animaux témoins. Ainsi, la diminution du pourcentage des AGMI est due, du moins en partie, à la réduction de l'activité de la delta 9-désaturase.

Suite aux conclusions de nos travaux, certaines perspectives peuvent être envisagées :

Conclusion et perspectives

En absence totale d'utilisation de graines de lin chez nous pour l'alimentation aussi bien humaine qu'animale, il est intéressant de répertorier les produits agricoles disponibles capables de fournir ces AGPI n-3, bénéfiques pour la santé humaine, et de mettre en place des projets de recherche qui les exploiteraient pour formuler des aliments pour nos différentes espèces animales, particulièrement monogastriques, pour enrichir leurs produits en ces acides gras, sachant qu'il existe une forte corrélation positive entre les acides gras ingérés et ceux déposés dans la viande de ces animaux, qui contrairement aux ruminants, ne remanient pas les matières grasses consommées qui se déposent alors telles quelles.

Sachant le rôle important du DHA au niveau de la physiologie nerveuse, il est important d'essayer de mieux comprendre les facteurs qui limitent la conversion d'ALA en ce dérivé à longue chaîne. Il semble que l'étape qui pose le plus de problème dans la conversion d'ALA en DHA est celle où le DPA est converti en DHA. Cette transition nécessite trois actions successives : élongation, désaturation et β-oxydation.

Une étude *in vitro* sur ces activités enzymatiques pourrait être envisagée sur des cellules isolées avec l'incorporation de DPA marqué afin de suivre les différents mécanismes mis en jeu. *In vivo*, des quantités importantes de DHA peuvent être incorporées dans l'alimentation de ces animaux, en utilisant des huiles de poisson par exemple, et ce, pour voir le dépôt de cet acide gras dans la viande ou éventuellement sa remobilisation vers d'autres organes plus demandeurs, à l'image du cerveau.

Autre source d'oméga 3 peut également être envisagée, à savoir les micro-algues dont l'huile extraite ramène une forte quantité de DHA (jusqu'à 45 %). Toutefois, ces pratiques ne peuvent être envisagées qu'à titre expérimental, vu leur indisponibilité d'une part, et leur coût très élevé, d'autre part. En effet, pour toute entreprise scientifique, le côté économique est à prendre en considération.

Il est donc plus judicieux de trouver des matières premières à moindre coût et qui peuvent, cependant, fournir des quantités appréciables en ces AGPI n-3 afin de les introduire dans l'alimentation du bétail pour en enrichir davantage les produits qui en sont issus (viande, œufs, lait), puisque beaucoup de travaux ont montré la corrélation existant entre les AG ingérés par différentes espèces animales et leurs divers produits.

Conclusion et perspectives

Le marché national propose de plus en plus de produits de transformation de la viande notamment de volaille, il est donc intéressant de sensibiliser les acteurs de la filière quant à la nécessité de mettre en place un programme à même de permettre d'incorporer davantage les sources de ces acides gras dans l'aliment destiné aux animaux prévus pour cette exploitation.

Et pour remédier à l'inconvénient de la susceptibilité à la peroxydation des produits issus d'animaux notamment la viande, plutôt que d'envisager d'augmenter de façon plus importante la quantité de vitamine E dans les régimes, même si celle-ci est moins chère par rapport aux extraits polyphénoliques, il est plus judicieux d'employer des polyphénols, largement répandus dans certaines plantes, de manière conjointe ou non à cette vitamine ; sachant qu'à très fortes doses, cette dernière pourrait s'avérer inefficace ou même pro-oxydante.

Notre pays accuse un déficit énorme en protéines alimentaires dans la ration alimentaire moyenne de la population, cependant, il est souhaitable de penser dès à présent à la manière d'optimaliser la production disponible, et ce, dans le souci de répondre aux exigences nutritionnelles pour une santé meilleure de notre population, notamment sur le plan cardiovasculaire, et ce, en cherchant à améliorer les paramètres lipidiques sanguins.

Pour concrétiser ce projet, il est plus que nécessaire de réunir les efforts de tous les secteurs concernés par la santé humaine, en ne négligeant aucun maillon de la chaîne : agriculteurs, éleveurs, secteurs sanitaires et pouvoirs publics sont interpellés à collaborer pour le bien-être de notre population.

REFERENCES BIBLIOGRAPHIQUES

Références bibliographiques

Adrian J., Legrand G. & Frangne R., 1981. Dictionnaire de biochimie alimentaire et de nutrition. Technique et documentation, Paris, 233 p.

AFSSA, 2003. Agence française de sécurité sanitaire des aliments. Acides gras de la famille oméga-3 et système vasculaire : intérêt nutritionnel et allégations, 70 p.

Ahn D. U., Lutz S. & Sim J. S., 1996. Effects of dietary α-linolenic acid on the fatty acid composition, storage stability and sensory characteristics of pork loin. Meat Science, 43, 291-299.

Ailhaud G., Massiera F., Weill P., Legrand P., Alessandri J. M. & Guesnet P., 2006. Temporal changes in dietary fats : role of n-6 polyunsaturated fatty acids in excessive adipose tissue development and relationship to obesity. Progress in Lipid Research, 45, 203-236.

Ailhaud G., 2007. Développement du tissu adipeux : importance des lipides alimentaires. Cahiers de Nutrition et de Diététique, 42 (2), 67-72.

Alasnier C., Remignon H. & Gandemer G., 1996. Lipid characteristics associated with oxydative and glycolic fibres in rabbit muscles. Meat Science, 43, 231-224.

Alessandri J. M., Goustard B., Guesnet P. & Durand A., 1998. Docosahexaenoic acid concentrations in retinal phospholipids of piglets fed an infant formula enriched with long-chain polyunsaturated fatty acids : Effects of egg phospholipids and fish oils with different ratios of eicopentaenoic acid to docosahexaenoic acid. American Journal of Clinical Nutrition, 67, 377–385.

Alessandri J.-M., Guesnet P., Vancasse S., Denis I., Langelier B., Lavialle M., 2004. Fonctions biologiques des acides gras polyinsaturés dans les membranes nerveuses : une évolution des concepts. Cahiers de Nutrition et de Diététique, 39 (4), 270-279.

Alessandri J.-M., Extier A., Astorg P., Lavialle M., Simon N. & Guesnet P., 2009. Métabolisme des acides gras oméga-3 : différences entre hommes et femmes. Nutrition clinique et métabolisme, 23, 55–66.

Alleman F., Bordas A., Caffin J. -P., Daval S., Diot C., Douaire M., Fraslin J. -M., Lagarrigue S. & Leclercq B., 1999. L'engraissement chez le poulet : aspects métaboliques et génétiques. INRA Productions Animales, 12 (4), 257-264.

Références bibliographiques

Amber K., Gad S. M. & El Adawy M. M., 2002. Response of growing rabbits to high dietary levels of lined meat : nutritional and physiological study. Egyptian Journal of Rabbit Science, ISSN : 1110-2594.

ANC., 2001. In **Martin A., 2001.** Apports nutritionnels conseillés pour la population française. AFSSA, Ed. Tec & Doc, $3^{\text{ème}}$ édition, Paris, 650 p.

ANC., 2010. Apports nutritionnels conseillés pour la population française. AFSSA. Les nouvelles recommandations françaises pour les lipides, MEDEC 2010.

AOAC, 1990. Association of Official Analytical Chemists. Official methods of analysis. 15th edition journal. AOAC, Arlington, USA.

Apfelbaum M., Forrat C. & Nillus P., 1995. Diététique et nutrition. Edition Masson, Paris, 479 p.

Arbouche H. & Manseur K., 2008. Production de poulet de chair : Etude de la croissance en conditions de production locales. Thèse d'ingénieur agronome, UMMTO, 80 p.

Assies J., Lieverse R., Vreken P., Wanders R. J., Dingemans P. M. & Linszen D. H., 2001. Significantly reduced docosahexaenoic and docosapentaenoic acid concentrations in erythrocyte membranes from schizophrenic patients compared with a carefully matched control group. Biol. Psychiatry, 49 (6), 510-522.

Augustsson K., Michaud D. S., Rimm, E.B., Leitzmann M. F., Stampfer M. J., Willett W. C. & Giovannucci E., 2003. A prospective study of intake of fish and marine fatty acids and prostate cancer. Cancer Epidemiology Biomarkers & Prevention, 12, 64-67.

Avanzo J. L., De Mendonça,C. X. Jr., Pugine S. M. P. & De Cerqueira C. M., 2001. Effect of vitamin E and selenium on resistance to oxidative stress in chicken superficial pectoral muscle. Comparative Biochemistry and Physiology, Part C, 129, 163-173.

Avézard C. Guillevic M., Gariepy C. & Mourot J., 2008. Effet des acides gras n-3 de l'aliment sur le développement des adipocytes intra-musculaires et sur la composition en acides gras des lipides polaires et neutres du muscle de porc. 12èmes Journées Sciences du Muscle et Technologies des Viandes, 8 et 9 octobre, Tours, France. Viandes et Produits Carnés, Hors série, pp 69-70.

Azman M. A., Konar V. & Seven P. T., 2004. Effects of dietary fat sources on growth performances and carcass fatty acid composition of broiler chickens. Revue de Médecine Vétérinaire, 5 (156), 278-286.

Bach A.C., Ingenbleek Y. & Frey A. 1996. The usefulness of dietary medium chain triglycerides in body weight control : fact or fancy ? Journal of Lipid Research, 37, 708-726.

Bacou F. & Vigneron P., 1988. Propriétés des fibres musculaires squelettiques. Influence de l'innervation motrice. Reproduction Nutrition Development, 28 (6A), 1387-1453.

Barberger-Gateau P., Letenneur L., Deschamps V., Peres K., Dartigues J. F. & Renaud S., 2002. Fish, meat, and risk of dementia : cohort study. BMJ, 325 (7370), 932-933.

Bass A., Brdiczka D., Eyer P., Hofer S. & Pette D., 1969. Metabolic differenciation of distinct muscle types at the level of enzymatic organization. European Journal of Biochemistry, 10, 198-206.

Bax M.-L., Aubry L., Gatellier P., Remond D. & Santé-Lhoutellier V., 2010. Paramètres de digestion *in vitro* des protéines carnées. 13èmes Journées Sciences du Muscle et Technologies des Viandes, 19-20 octobre, Clermont-Ferrand, France.

Bazan N., Di Fazio de Escalante S., Careaga M., Bazan H. E. P. & Giusto,N. M., 1982. High content of 22:6 (docosahexaenoate) and active (2-3H) glycerol metabolism of phospha-tidic acid from photoreceptor membranes. Biochimica et Biophysica Acta, 712, 702-706.

Bazan N. G., 2006. The onset of brain injury and neurodegeneration triggers the synthesis of docosanoid neuroprotective signaling. Cellular and Molecular Neurobiology, 26 (4-6), 901-913.

Bazan N. G., 2007. Omega-3 fatty acids, pro-inflammatory signaling and neuroprotection. Current Opinion in Clinical Nutrition and Metabolic Care, 10, 136-141.

Bazin R. & Ferré P., 2001. Assays of lipogenic enzymes. Methods in Molecular Biology, 155, 121–127.

Beauchamp E., Goenaga D., Le Bloc'h J., Catheline D., Legrand P. & Rioux V., 2007. Myristic acid increases the activity of dihydroceramide Δ4-desaturase 1 through its N-terminal myristoylation. Biochimie, 98, 1553-1561.

Becquart P., 2011. L'oxydation naturelle des huiles de consommation peut entraîner des risques pour la santé, 64 p. www.lepetitsitesante.fr. Consulté le 04/06/2011.

Bee G., Jacot S., Guex G. & Biolley C., 2008. Effects of two supplementation levels of linseed combined with CLA or tallow on meat quality traits and fatty acid profile of adipose and different muscle tissues in slaughter pigs. animal, 2 (5), 800-811.

Bernardini M., Dal Bosco A. & Castellini C., 1999. Effect of dietary n-3/n-6 ratio on fatty acid composition of liver, meat and perirenal fat in rabbit. Animal Science, 68, 647-654.

Berquin I. M., Edwards I. J. & Chen Y. Q., 2008. Multi-targeted therapy of cancer by omega-3 fatty acids. Cancer letters, 269, 363-377.

Berri C., 2003. Production avicole en climat chaud. Saragosse (Espagne), 26 – 30 mai.

Bézard J., Blond J. P., Bernard A. & Clouet P., 1994. The metabolism and availability of essential fatty acids in animal and human tissues. Reproduction Nutrition Development, 34, 539-568.

Bianchi M., Petracci M. & Cavani C., 2006. Effects of dietary inclusion of dehydrated lucerne and whole linseed on rabbit meat quality. World Rabbit Science, 14, 247-258.

Blasco A. & Ouhayoun J., 1993. Harmonization of criteria and terminology in rabbit meat research. Revised proposal. World Rabbit Science, 4, 93-98.

Bonneau M., Touraille C., Pardon P., Lebas F., Fauconneau B. & Remignon H., 1996. Amélioration de la qualité des carcasses et des viandes. INRA Productions Animales, Hors série, 95-110.

Bou R., Grimpa S., Baucells M. D., Codony R. & Guardiola F., 2006. Dose and Duration Effect of α-Tocopherol Content, and Oxidative Status. Journal of Agricultural and Food Chemistry, 54, 5020-5026.

Bouderoua K., 2004. Lipogenèse hépatique et composition en acides gras du tissu adipeux et musculaire des poulets de chair nourris par des régimes à base de gland de chêne vert et de chêne liège. Thèse de doctorat en sciences agronomiques, INA d'El-Harrach, 170 p.

Bouderoua K., Selselet-Attou G., Mourot J., 2006. Composition en acides gras et vitamine E dans les viandes de poulets de chair nourris aux glands de chêne vert. 11èmes JSMTV, 4 et 5 octobre, Clermont-Ferrand, 87-88.

Bougnoux P. & Menanteau J., 2005. Acides gras alimentaires et cancérogenèse : données expérimentales in vivo : Alimentation et cancer. Bulletin du cancer, 95 (7-8), 685-696.

Bourdon D. & Hauzy F., 1993. Valeur nutritionnelle de sept matières grasses alimentaires pour le porc. Journées Recherche Porcine en France, 25, 157-164.

Bourre J. M., Pascal G., Durand G. Masson M., Dumont O. & Piciotti M., 1984. Alterations in the fatty acid composition of rat brain cells (neurons, astrocytes and oligodendrocytes) and of subcellular fractions (myelin and synaptosomes) induced by a diet devoided of (n-3) fatty acids. Journal of Neurochemistry, 43, 342-348.

Bourre J. M., François M., Youyou A., Dumont O., Piciotti M., Pascal G. & Durand G., 1989. The effects of dietary alpha-linolenic acid on the composition of nerve membranes, enzymatic activity, amplitude of electrophysiological parameters, resistance to poisons and performance of learning task in rat. Journal of Nutrition, 119, 1880-1892.

Bourre J. M., 1994. Les bonnes graisses. Editions Odile Jacob, 380 p.

Bourre J. M., 1996. Développement du cerveau et acides gras polyinsaturés. Oléagineux Corps Gras Lipides, 3 (3), 173-178.

Bourre J. M., 2005. Enrichissement de l'alimentation des animaux avec les acides gras ω-3. Impact sur la valeur nutritionnelle de leurs produits pour l'homme. Médecine/Sciences, 21 (8-9), 773-779.

Bousquet M., Calon F. & Cicchetti F., 2011. Impact of omega-3 fatty acids in Parkinson's disease. Article in Press, disponible en ligne le 15 Mars 2011. http://www.ncbi.nlm.nih.gov/pubmed/21414422

Boussaid F., 2008. Effets de la supplémentation du régime en différentes huiles (soja et tournesol) sur les performances de croissance du poulet de chair. Thèse d'ingénieur agronome, UMMTO, 47 p.

Boutten B., Drouet L. & Jehl N., 2005. Tri en ligne couleur. Un moyen rapide et non invasif pour évaluer la qualité de la viande de poulet. Viandes et Produits Carnés, 24 (5), 155-162.

Bouvarel I., Juin H., Lessire M., Judde A., Evrard J., Corniaux A. & Brevault N., 2003. Formulation en acides gras de l'aliment poulet de chair et présentation de la carcasse. Cinquièmes Journées de la Recherche Avicole, 26-27 mars, Tours, France, pp 131-134.

Bouyahiaoui H., 2003. Etude de quelques résultats de l'accouvage et l'engraissement du poulet de chair dans la région du Centre. Thèse d'ingénieur agronome, UMMTO, 68 p.

Bregendahl K., Sell J. L. & Zimmerman D. R., 2002. Effect of low-protein diets on growth performance and body composition of broiler chicks. Poultry Science, 81(8), 1156-1167.

Brenes A., Viveros A., Goni I., Centeno C., Sayago-Ayerdy S. G., Arija I. & Saura-Calixto F., 2008. Effect of grape pomace concentrate and vitamin E on digestibility of polyphenols and antioxidant activity in chickens. Poultry Science, 87, 307-316.

Brenner R. R., 1989. Factors influencing fatty acid chain elongation and desaturation. In The Role of Fats in Human Nutrition. Ed. Vergroesen AJ. Academic Press Limited, London, pp 45-79.

Brenner R. R., 2003. Hormonal modulation of $\Delta 6$ and $\Delta 5$ desaturases : case of diabetes. Prostaglandins, Leukotrienes and Essential Fatty Acids, 68, 151-162.

Breslow J. L., 2006. n-3 fatty acids and cardiovascular disease. The American Journal of Clinical Nutrition, 83, 1477S-1482S.

Brouwer I., 2005. Les oméga-3 : perspective santé. Symposium « Oméga-3, Nutrition et santé », Institut Danone pour la Nutrition et la Santé, 22/10/2005.
http://www.danoneinstitute.be/files/pdf/symposium/omega3/Abstract_IBrouwer_FR.pdf

Brunel V., Jehl N., Drouet L. & Portheau M.-C., 2010. Viande de volailles : Sa valeur nutritionnelle présente bien des atouts. Viandes Produits Carnés, 25 (1), 18-22.

Bryhni E. A., Kjos N. P., Ofstad R. & Hunt M., 2000. Polyinsaturated fat and fish oil in diets for growing-finishing pigs : effects on fatty acid composition and meat, fat and sausage. Meat Science, 62, 1-8.

Burchard H., 1890. Beitraege sur kenntnis des cholesterins. Chem. Zentr., 61 (1), 25.

Burdge G. C., Finnegan Y. E., Minihane A. M., Williams C. M. & Wootton S. A., 2003. Effect of altered dietary n-3 fatty acid intake upon plasma lipid fatty acid composition, conversion of [13C] alpha-linolenic acid to longer-chain fatty acids and partitioning towards beta-oxidation in older men. British Journal of Nutrition, 90 (2), 311-321.

Burdge G., 2004. Alpha-linolenic acid metabolism in men and women: nutritional and biological implications. Current Opinion in Clinical Nutrition & Metabolic Care, 7, 137-144.

Burr G. O. & Burr M. M., 1929. A new deficiency disease produced by the rigid exclusion of fat from the diet. The Journal of biological chemistry, 82, 345-367.

Cassy S., Collin A., Chartrin P., Baéza E. & Jégo Y., 2005. Métabolisme oxydatif des acides gras et efficacité alimentaire chez le poulet. Sixièmes Journées de la Recherche Avicole, St-Malo, 30 et 31 mars 2005, France.

Castaing J., 1979. Aviculture et petits élevages. 3ème édition. Collection d'enseignement agricole. Edition Baillière, pp : 74-78.

Castellini C. & Dal Bosco A., 1997. Effect of dietary herring meal on the omega-3 fatty acid content of rabbit meat. Proceedings of the Symposium Food and Health : Role of animal products. Milano Ed. Elsevier, 67-71.

Castellini C., Dal Bosco A., Bernardini M. & Cyril H.W., 1998. Effect of Dietary Vitamin on the Oxidative Stability of Raw and Cooked Rabbit Meat. Meat Science, 50 (2), 153-161.

Castellini C., Dal Bosco A., Bernardini M. & Battaglini M., 1999. Effect of dietary supplementation of polyunsaturated fatty acids of n-3 series on rabbit meat and its oxidative stability. Zootecnica e Nutrizione Animale, 15, 63–70.

Caughey G. E., Mantzioris E., Gibson R. A., Cleland L. G. & James M. J., 1996. The effect on human tumor necrosis factor a and interleukin 1β production of diets enriched in n-3 fatty acids from vegetable oil or fish oil. The American Journal of Clinical Nutrition, 63, 116-122.

Cavani C., Bianchi M., Lazzaroni C., Luzi F., Minelli G. & Petracci M., 2000. Influence of type of rearing, slaughter age and sex on fattening rabbit : II. Meat quality. 7th World Rabbit Congress, Valencia, Spain, July 4-7, vol. A, 567-572.

Cetin I., Alvino G. & Cardellicchio M., 2009. Long chain fatty acids and dietary fats in fetal nutrition. The Journal of Physiology, 587 (14), 3441–3451.

Chabi O., 2006. Effets de la supplémentation en lipides du régime sur les performances zootechniques du poulet de chair. Thèse d'ingénieur agronome, UMMTO, 70 p.

Chafai S., 2006. Effet de l'addition des probiotiques dans les régimes alimentaires sur les performances zootechniques du poulet de chair. Thèse de magister en sciences vétérinaires, Université de Batna, 105 p.

Chanmugam P., Boudreau M., Boutte T., Park R. S., Hebert J., Berrio L. & D. H. Hwang D. H., 1992. Incorporation of different types of n-3 fatty acids into tissue lipids of poultry. Poultry Science, 71, 516-521.

Chantry-Darmon C., 2005. Construction d'une carte intégrée génétique et cytogénétique chez le lapin européen (Oryctolagus cuniculus) : Application à la primo localisation du caractère rex. Thèse de doctorat en Sciences, Université de Versailles-Saint-Quentin, 170 p.

Chehat F. & Bir A., 2008. Le développement durable de systèmes d'élevage durables en Algérie : contraintes et perspectives. Colloque international, « Développement durable des productions animales : enjeux, évaluation et perspectives », Alger, 20-21 avril, 2008.

Cherian G. & Sim J.S., 1995. Dietary α-linolenic acid alters the fatty acid composition of lipid classes in swine tissues. Journal of Agricultural Food and Chemistry, 43 2911-2916.

Cherian G., 2007. Metabolic and Cardiovascular diseases in poultry : role of dietary lipids. Poultry Science, 86, 1012-1016.

Chesneau G., Guillevic M. & Mourot J., 2009. Impact des paramètres technologiques de cuisson-extrusion des graines de lin sur la composition en acides gras des tissus musculaire et adipeux du porc charcutier. Journées Recherche Porcine, 41, 1-2.

Childs C. E., Romeu-Nadal M., Burdge G. C. & Calder P. C., 2008. Gender differences in the n-3 fatty acid content of tissues. Proceedings of the Nutrition Society, 67, 19-27.

Chilliard Y., Bauchart D., Lessire M., Schmidely P. & Mourot J., 2008. Qualité des produits : modulation par l'alimentation des animaux de la composition en acides gras du lait et de la viande. INRA Productions Animales, 21, 95-106.

Chirase N. K., Greene W. & Purdy C.W., 2004. Effect of transport stress on respiratory disease, serum antioxidant status, and serum concentrations of lipid peroxidation biomarkers in beef cattle. American Journal of Veterinary Research, 65,860-864.

Cho H. P., Nakamura M. T., & Clarke S. D., 1999. Cloning, expression, and fatty acid regulation of the human delta-5 desaturase. Journal of Biological Chemistry., 274, 37335-37339.

Christensen J. H., Gustenhoff P., Korup E., Aaroe J., Toft E., Moller T., Rasmussen K., Dyerberg J. & Schmidt E. B., 1996. Effect of fish oil on heart rate variability in survivors of myocardial infarction : a double blind randomised controlled trial. British Medical Journal, 312, 677-678.

CIV, 2010. Centre d'Information des viandes de France. http://www.civ-viande.org

Clarke S. D., 2001. Polyinsaturated fatty acid regulation of gene transcription : molecular mechanism to improve the metabolic syndrome. The Journal of Nutrition, 131, 1129-1132.

Codex alimentarius, 2003. Glossaire de termes et définitions (pour les résidus de médicaments vétérinaires dans les aliments). CAC/MISC 5-1993, Amendé en 2003. FAO/OMS, pp 1-4.

Codex alimentarius, 2005. Code d'usages en matière d'hygiène pour les viandes. FAO/OMS, 55 p.

Colin M., Raguenes N., Le Berre G., Charrier S., Prigent A.Y. & Rerrin G., 2005. Influence d'un enrichissement de l'aliment en acides gras oméga 3 provenant de graines de lin extrudées (Tradi-Lin®) sur les lipides et les caractéristiques hédoniques de la viande de lapin. 11èmes Journées de la Recherche Cunicole, 29-30 novembre, Paris.

Combes S., 2004. Valeur nutritionnelle de la viande de lapin. INRA Productions Animales, 17, 373-383.

Combes S. & Dalle Zotte A., 2005. La viande de lapin : valeur nutritionnelle et particularités technologiques. 11èmes Journées de la Recherche Cunicole 29-30 novembre, Paris.

Combes S. & Cauquil L., 2006a. La luzerne déshydratée : une source d'acides gras oméga-3 pour le lapin. Cuniculture Magazine, 33, 71-77.

Combes S. & Cauquil L., 2006b. Viande de lapin et oméga 3 : Une alimentation riche en luzerne permet d'enrichir la viande des lapins en oméga 3. Viandes et Produits Carnés, 25 (2), 31-35.

Comte C., Bellenger S., Bellenger J., Merlin J. -F., Tessier C., Poisson J. -P., Narce M., 2003. Régulation de la biosynthèse des acides gras polyinsaturés lors de l'hypertension artérielle associée aux diabètes de type 1 et 2. Oléagineux, Corps Gras, Lipides, 10 (4), 321-327.

Connor S. L. & Connor W. E., 1997. Are fish oils beneficial in the prevention and treatment of coronary artery disease ? American Journal of Clinical Nutrition, 66, 1020S-1031S.

Connor W. E., 2000. Importance of n-3 fatty acids in health and disease. American Journal of Clinical Nutrition, 71 (1) (suppl), 171S-175S.

Corino C., Pastorelli G., Pantaleo L., Oriani G. & Salvatori G., 1999. Improvement of color and lipid stability of rabbit meat by dietary supplementation with vitamin E. Meat Science, 52, 285-289.

Corino C., Mourot J., Magni S., Pastorelli G. & Rosi F., 2002. Influence of dietary conjugated linoleic acid on growth, meat quality, lipogenesis, plasma leptin and physiological variables of lipid metabolism in rabbits. Journal of Animal Science 80, 1020–1028.

Corino C., Musella M. & Mourot J., 2008. Influences of extruded linseed on growth, carcass composition and meat quality of pigs slaughtered at 110 and 160 kg liveweight. Journal of Animal Science, 86 (8), 1850-1860.

Corraze G., Larroquet L. & Médale F., 1999. Alimentation et dépôts lipidiques chez la truite arc-en-ciel, effet de la température d'élevage. INRA Productions Animales, 12 (4), 249-256.

Corrigan F. M., Horrobin D. F., Skinner E. R., Besson J. A. O. & Cooper M. B., 1998. Abnormal content of n-6 and n-3 long chain unsaturated fatty acids in the phosphoglycerides and cholesterol esters of parahippocampal cortex from Alzheimer's disease patients and its relationshipto acetyl CoA content. The International Journal of Biochemistry & Cell Biology, 30, 197-207.

Couet C., 2005. La dépense énergétique. Cahiers de Nutrition et de Diététique, 4 (40), 227-232.

Coulhon B., 2011. Les acides gras polyinsaturés (A.G.P.I.) des séries oméga-3 (AAL, EPA, DHA) et oméga-6 (AL, GLA, DGLA, AA). http://boutique.medicsystem.fr/site/acides_gras_polyinsatures_omega_3_omega_6.pdf. Consulté le 31/05/2011.

Crespo, N., & Esteve-Garcia, E., 2002. Nutrient and fatty acid deposition in broilers fed different dietary fatty acid profiles. Poultry Science, 81, 1533–1542.

Cuvelier C., Cabaraux J.-F., Dufrasne I., Hornick J.-L. & Istasse L., 2004. Acides gras : nomenclature et sources alimentaires. Annales de Médecine Vétérinaire, 148, 133-140.

Dacosta Y., 1998. La supplémentation nutritionnelle par les acides gras oméga 3. Editions Yves Dacosta, 192 p.

Dacosta Y., 2004. Les acides gras oméga-3 : Synthèse des connaissances actuelles. Editions Yves Dacosta, 318 p.

Dal Bosco A., Castellini C.& Bernardini M., 2001. Nutritional quality of rabbit meat as affected by cooking procedure and dietary vitamin E. Journal of Food Science, 66, 1047-1051.

Dal Bosco A., Castellini C., Bianchi L. & Mugnai C., 2004. Effect of dietary α-linolenic acid and vitamin E on the fatty acid composition, storage stability and sensory traits of rabbit meat. Meat Science, 66, 407-413.

Dalle Zotte A., 2002. Perception of rabbit meat quality and major factors influencing rabbit carcass and meat quality. Livestock Production Science, 75 (1), 11-32.

Dalle Zotte A., 2004. Avantages diététiques : Le lapin doit apprivoiser le consommateur. Viandes et Produits Carnés, 23 (6), 161-167.

Delpech P. & Ricard F. H., 1965. Relation entre les dépôts adipeux viscéraux et les lipides corporels chez le poulet. Annales de Zootechnie, 14, 181-189.

Denoyelle C., 2008. Les viandes, une question de définition… Cahiers de Nutrition et de Diététique., 43, Hors-série, 1, 1S7-1S10.

Descomps B., 2003. Les désaturases au cours du développement chez l'homme. Cahiers de Nutrition et de Diététique, 38 (6), 384-391.

Dictionnaire encyclopédique de la langue française, 1995. Ed. Hachette, Paris.

Dobrzyn A. & Ntambi J. M., 2004. The role of stearoyl-CoA desaturase in body weight regulation. Trends in Cardiovascular Medicine, 14 (2), 77-81.

DSATO, 2007. Direction des Services Agricoles de la wilaya de Tizi-Ouzou.

DSATO, 2010. Direction des Services Agricoles de la wilaya de Tizi-Ouzou. Situation générale du secteur de l'agriculture. Evolution de la campagne agricole 2008-2009.

Emken et al., 1989. In Simopoulos A.P., 2010. The omega-6/omega-3 fatty acid ratio: health implications. Oléagineux, Corps Gras, Lipides, 17 (5), 267-275.

Enser M., Richardson R. I., Wood J. D., Gill B. P. & Sheard P. R., 2000. Feeding linseed to increase the n-3 PUFA of pork : Fatty acid composition of muscle, adipose tissue, liver and sausages. Meat Science, 55, 201-212.

Extier A., Langelier B., Perruchot M. H., Guesnet P., Van Veldhoven P. P. & Alessandri J. M., 2010. Gender affects the liver desaturase expression in a rat model of n-3 fatty acid repletion. The Journal of Nutritional Biochemistry, 21, 180-187.

FAO, 2004. Food and Agricultural Organisation. La consommation de viande par habitant.

FAO., 2009. Perspectives de l'alimentation. Analyse des marchés mondiaux. Viandes et produits carnés, 113 p. http://www.fao.org/docrep/012/ak341f/ak341f00.pdf. Consulté le 18/09/2011.

Fernandez C., Fraga M. J., 1996. The effect of dietary fat inclusion on growth, carcass characteristics and chemical composition of rabbits. Journal of Animal Science, 74, 2088-2094.

Fernandez X., Monin G., Talmant A., Mourot J., Lebret B., Gilbert L., Sirami J., Malter D. & Bazin C., 1998. Influence de la teneur en lipides intramusculaires sur les qualités sensorielles et l'acceptabilité par les consommateurs de la viande de porc et du jambon cuit. Journées de la Recherche Porcine en France, 30, 51-59.

Fève B., Moldes M., El Hadri K., Lasnier F. & Pairault J., 1998. La différenciation adipocytaire : tout un programme.... Médecine/Sciences, 14 (8-9), 848-857.

Fischler C. 1991. Crise du régime et cacophonie diététique. Cahiers de Nutrition et de Diététique XXVI : 203-206.

Fisher C., 1984. Fat deposition in broilers. In : *Fats in Animal Nutrition*. J. Wiseman Ed., Butterworth, Nottingham, England, pp : 437-470.

Fitch W. M., Hill R. & Chaikoff I. L., 1959. The effect of fructose feeding on glycolytic enzyme activities of the normal rat liver. The Journal of Biological Chemistry, 234, 1048-1051.

Folch J., Lees M. & Sloane-Stanley G. H., 1957. A simple method for the isolation and purification of total lipids from animal tissues. The Journal of Biological Chemistry, 226, 497-509.

Fontaine J., 1993. Les acides gras essentiels en dermatologie des animaux de compagnie. Pratique médicale et chirurgicale de l'animal de compagnie, 28, 167-175.

Foufelle F., Girard J. & Ferré P., 1996. Regulation of lipogenic enzyme expression by glucose in liver and adipose tissue : a review of the potential cellular and molecular mechanisms. Advances in Enzyme Regulation, 36, 199-226.

Fraysse J. L. & Darre A., 1990. Produire les viandes. Vol.1. Sur quelles bases économiques et biologiques ? Edition Lavoisier, Technique et Documentation, 374 p.

Gandemer G., Pascal G. & Durand G., 1983. Lipogenic capacity and relative contribution of the different tissues and organs to lipid synthesis in male rat. Reproduction Nutrition Development, 23, 575-586.

Gardès-Albert M., Bonnefont-Rousselot D., Abedinzadeh Z. & Jore D., 2003. Espèces réactives de l'oxygène : Comment l'oxygène peut-il devenir toxique ? L'Actualité Chimique, N° 11-12, 91-96.

Gigaud V., Le Cren D., 2006. Valeur nutritionnelle de la viande de lapin et influence du régime alimentaire sur la composition en acides gras. Journée nationale ITAVI « Élevage du Lapin de Chair », Pacé, novembre, 45-57.

Gigaud V., Berri C., 2007. Influence des facteurs de production sur le potentiel glycolytique musculaire : impact sur la qualité des viandes de volailles. Office de l'élevage 2006/2007, 44 p.

Gigaud V. & Combes S., 2007. Les atouts nutritionnels de la viande de lapin : comparaison avec les autres produits carnés. 12èmes Journées de la Recherche Cunicole, 27-28 novembre, Le Mans, France.

Girard J. P., Bout J. & Salort D., 1988. Lipides et qualités du tissu adipeux, facteurs de variation. Journées de la Recherche Porcine en France, 20, 255-278.

Gladine C., Morand C., Rock E., Bauchart D. & Durand D., 2007. Plant extrats rich in poly phenols (PERP) are efficient antioxidants to prevent lipoperoxidation in plasma lipids from animals fed n-3 PUFA supplemented diets. Animal Feed Science and Technology, 136, 281-296.

Gobert M., Gruffat D., Habeanu M., Parafita E., Bauchart Dominique & Durand D., 2010. Plant extracts combined with vitamin E in PUFA-rich diets of cutt cows protect processed beef against lipid oxidation. Meat Science, 85, 676-683.

Gondret F., 1997. Caractéristiques des fibres musculaires et des lipides intramusculaires chez le lapin : effets de l'âge et de l'alimentation. Thèse de doctorat, INA Paris-Grignon, 168 p.

Gondret F., Mourot J. & Bonneau M., 1997. Developmental changes in lipogenic enzymes in muscle compared to liver and extramuscular adipose tissues in the rabbit (Oryctolagus cuniculus). Comparative Biochemistry and Physiology, 117B, 259-265.

Gondret F., 1998. Lipides intramusculaires et qualité de la viande de lapin. 7èmes Journées de la Recherche Cunicole, Paris, France, 13-14 mai, pp : 101-109.

Gondret F. & Bonneau M., 1998. Mise en place des caractéristiques du muscle chez le lapin et incidence sur la qualité de la viande. INRA Productions Animales, 11 (5), 335-347.

Gondret F., Mourot J. & Bonneau M., 1998. Comparison of intramuscular adipose tissue cellularity in muscles differing in their lipid content and fibre type composition during rabbit growth. Livestock Production Science, 54, 1-10.

Gondret F., 1999. La lipogenèse chez le lapin. Importance pour le contrôle de la teneur en lipides de la viande. INRA Productions Animales, 12 (3), 301-309.

Gondret F., Combes S., Larzul C. & de Rochambeau H., 2002. The effects of divergent selection for body weight at a fixed age on histological, chemical and rheological characteristics of rabbit muscles. Livestock Production Sciences, 76, 81-89.

Gondret F. & Hocquette J. -F., 2006. La teneur en lipides de la viande : une balance métabolique complexe. INRA Productions Animales, 19 (5), 327-338.

Griffin H. D., Guo K., Windsor D. & Butterwith S. C., 1992. Adipose tissue lipogenesis and fat deposition in leaner broiler chickens. The Journal of Nutrition, 122, 363-368.

Grynberg A., 2007. Acides gras polyinsaturés, phospholipides et fonctions membranaires, pp : 115-125. In : *Traité de nutrition artificielle de l'adulte : Nourrir l'homme malade*. Cano N., Barnoud D., Schneider S., Hasselmann M. & Leverve X., 2007. 3ème édition, Springer-Verlag, Paris., 1177 p.

Guerre-Millo M., 2006. La fonction sécrétrice du tissu adipeux : implication dans les complications métaboliques et cardiovasculaires de l'obésité. Journal de la Société de Biologie, 200 (1), 37-43.

Guesnet P., Alessandri J. M., Astorg P., Pifferi F., Lavialle M., 2005. Les rôles physiologiques majeurs exercés par les acides gras polyinsaturés (AGPI). Oléagineux, Corps gras, Lipides, 12 (5), 333-343.

Guillevic M., Le Minous A. E., Blochet J. E., Damon M. & Mourot J. 2007. Effet de rations enrichies en acides gras n-3 ou n-6 chez le porc : impacts sur la qualité nutritionnelle et la qualité sensorielle des produits transformés. Journées Recherche Porcine, 39, 223-230.

Guillevic M., Kouba M. & Mourot J., 2009a. Effect of a linseed diet on lipid composition, lipid peroxidation and consumer evaluation of French fresh and cooked pork meats. Meat Science, 81(4), 612-618.

Guillevic M., Kouba M. & Mourot J., 2009b. Effect of a linseed diet or a sunflower diet on performances, fatty acid composition, lipogenic enzyme activities and stearoyl-CoA-desaturase activity in the pig. Livestock Science, 124, 288-294.

Guillevic M., Mairesse G., Weill P., Guibert J. M. & Chesneau G., 2010. Un apport n graines de lin extrudées chez le poulet et la viande participent à l'amélioration de la qualité nutritionnelle de la viande. 13èmes Journées Science du Muscle et Technologies des Viandes (JSMTV), 19 et 20 octobre, Clermont-Ferrand, France, pp : 51-52.

Haak L., De Smet S., Fremaut D., Van Walleghem K. & Raes K., 2008. Fatty acid profile and oxidative stability of pork as influenced by duration and time of dietary linseed or fish oil supplementation. Journal of animal science 86, 1418-1425.

Harris W. S., Ginsberg H. N., Arunakul N., Shachter N. S., Windsor S. L., Adams M., Berglund L. & Osmundsen K., 1997. Safety and efficacy of Omacor in severe hypertriglyceridemia. Journal of Cardiovascular Risk, 4, 385-391.

Heinemann F. S. & Ozols J., 2003. Stearoyl-CoA desaturase, a short-lived protein of endoplasmic reticulum with multiple control mechanisms. Prostaglandins, Leukotrienes and Essential Fatty Acids, 68 (2), 123-33.

Hermier D., 2010. Impact métabolique des acides gras saturés/insaturés. Innovations Agronomiques, 10, 11-23.

Hernández P., Cesari V. & Pla M., 2007. Effect of dietary fat on fatty acid composition and oxidative stability of rabbit meat. In Proceeding 53rd International Congress of meat Science and Technology, August, Beijing, China, 367-370.

Références bibliographiques

Hernández P., 2008. Enhancement of nutritional quality and safety in rabbit meat. 9th World Rabbit Congress, June 10-13, Verona, Italy.

Hertzman C., Goransson L. & Ruderus H., 1988. Influence of fishmeal, rape-seed, and rape-seed meal in feed on fatty acid composition and storage stability of porcine body fat. Meat Science, 23, 37-53.

Hibbeln J. R. & Salem N. Jr., 1995. Dietary polyunsaturated fatty acids and depression : when cholesterol does not satisfy. The American Journal of Clinical Nutrition, 62 (1), 1-9.

Hilliard B. L., Lundin P. & Clarke S. D., 1980. Essentiality of dietary carbohydrate for maintenance of liver lipogenesis in the chick. Journal of Nutrition, 110, 1533-1542.

Hininger-Favier I., 2011. Les lipides et dérivés. Partie 1 : Les acides gras. UE1 : Biochimie. Université de Grenoble, 72 pages.

Holman R. T., Johnson S. B. & Hatch F., 1982. A case of human linolenic acid deficiency involving neurological abnormalities. The American Journal of Clinical Nutrition, 35, 617-623.

Holman R. T., 1986. In **Douste-Blazy L. & Mendy F., 1988.** Biologie des lipides chez l'homme : de la physiologie à la pathologie. Editions Médicales Internationales, 338 p.

Hsu R. Y. & Lardy H. A., 1969. Malic enzyme. Methods in Enzymology, 13, 230-235.

Huybens N., 2007. Analyses bactériologiques traditionnelles et moléculaires de l'inoculum de référence de l'entéropathie épizootique du lapin (TEC4) et de ses fractions. Th. DEA en sciences vétérinaires, université de Liège (ULg), 24 p.

ID.Mer, 2004. Institut Technique de Développement des Produits de la Mer. Acides gras de la famille oméga 3 : Avancées scientifiques, ressources, réglementation et axes de valorisation en Bretagne. Programme Nutrition Santé en Bretagne, 93 p.

IFN, 2011. Institut Français pour la Nutrition. Nos aliments en 200 questions. file:///E:/Documents and Settings/InTech/Bureau/Fat/viandes.html. Site consulté le 10 mars 2011.

Igarashi M., DeMar Jr J. C., Ma K., Chang L., Bell J. M. & Rapoport S. I., 2007. Upregulated liver conversion of alpha-linolenic acid to docosahexaenoic acid in rats on a 15 week n-3 PUFA-deficient diet. Journal of Lipid Research, 48 (1), 152-164.

Innis S. M., 1991. Essential fatty acids in growth and development. Progress in Lipid Research, 30 (1), 39-103.

Innis S. M., 2003. Perinatal biochemistry and physiology of long-chain polyunsaturated fatty acids. Journal of Pediatrics, 143 (4 Suppl), S1-S8.

INRA, 1989. Alimentation des monogastriques : porc, lapin, volaille. Editions INRA ; 2ème édition, 282 p.

INRA, 2003. In **Arbouche H. & Manseur K., 2008.** Production de poulet de chair : Etude de la croissance en conditions de production locales. Thèse d'ingénieur agronome, UMMTO, 80p.

INRAA, 2010. Institut National de la Recherche Agronomique d'Algérie.

Institut de l'élevage, 2006. Le point sur... La couleur de la viande bovine. INTERBEV, 113 p.

Iso H., Rexrode K. M., Stampfer M. J., Manson J. E., Colditz G. A., Speizer F. E., Hennekens C. H. & Willett W. C., 2001. Intake of fish and omega-3 fatty acids and risk of stroke in women. JAMA, 285 (3), 304-312.

ITAVI, 2002. Institut Technique de l'Aviculture. L'aviculture biologique communautaire face au règlement européen pour les productions animales biologiques : compétitivité et perspectives d'évolution, 65 p.

ITAVI, 2003. In **Arbouche H. & Manseur K., 2008.** Production de poulet de chair : Etude de la croissance en conditions de production locales. Thèse d'ingénieur agronome, UMMTO, 80 p.

ITPE, 1988. Institut technique des petits élevages. Guide d'élevage du poulet de chair, 20 p.

ISA, 1995. Institut de Sélection Animale. Guide d'élevage : poulet de chair. 1995.

Jacotot B., 1988. Acides gras alimentaires pour *la* prévention du risque coronarien. Cahiers de Nutrition et de diététique, 23, 211-214.

Jakobsson A., Westerberg R. & Jacobsson A., 2006. Fatty acid elongases in mammals : Their regulation and roles in metabolism. Progress in Lipid Research, 45, 237-249.

Jeantet R., Croguennec T., Schuck P. & Brule G., 2006. Science des aliments. Editions Lavoisier, Tec & Doc, Paris, 453 p.

Jehl N., Delmas D. & Lebas F., 2000. Influence of male rabbit castration on meat quality.1. Performances during fattening period and carcass quality. 7th World Rabbit Congress, Valencia, Spain, July 4-7, vol. A, 607-612.

Jensen C.L., Maude M., Anderson R.E. & Heird W.C., 2000. Effect of docoshexaenoic acid supplementation of lactating women on the fatty acid composition of breast milk lipids and maternal and infant plasma phospholipids. The American Journal of Clinical Nutrition, 71 (1), 292S-299S.

Jensen C. L., Voigt R. G., Prager T. C., Zou Y. L., Fraley J. K., Rozelle J. C., Turcich M. R., Llorente A. M., Anderson R. E. & Heird W. C., 2005. Effects of maternal docosahexaenoic acid intake on visual function and neurodevelopment in breastfed term infants[1-4]. The American Journal of Clinical Nutrition, 82, 125–132.

Juaneda P. & Rocquelin G., 1985. Rapid and convenient separation of phospholipids and non phosphorus lipids from rat heart using silica cartridges. Lipids, 20, 40-41.

Judé S., Roger S., Martel E., Bessen P., Richard S., Bougnoux P., Champeroux P. & Le Guennec J. -Y., 2006. Dietary long-chain omega-3 fatty acids of marine origin : A comparaison of their protective effects on coronary heart disease and breast cancers. Progress in Biophysics and Molecular Biology, 90, 299-325.

Kaci A., 2007. La production avicole en Algérie : opportunités et contraintes. INA, El-Harrach.

Kalmijn S., Launer L. J., Ott A., Witteman J.C., Hofman A. & Breteler M. M., 1997. Dietary fat intake and the risk of incident dementia in the Rotterdam study. Annals of Neurology, 42, 776-782.

Kang J. X. & Leaf A., 2000. Prevention of fatal cardiac arrhythmias by polyunsaturated fatty acids. The American Journal of Clinical Nutrition, 71(1 Suppl), 202S-207S.

Karleskind A., 1992. Manuel des corps gras. Editions Lavoisier, Tec & Doc, Paris. Tome 1, 786 pages.

Kiessling A., Pickova J., Johansson L., Asgard T., Storebakken T., Kiessling K.-H., 2001. Changes in fatty acid composition in muscle and adipose tissue of farmed rainbow trout (*Oncorhynchus mykiss*) in relation to ration and age. Food Chemistry, 73 (3), 271-284.

Kim J., Sun-Young Lim S.-Y., Shin A., Mi-Kyung Sung M.-K., Ro J., Han-Sung Kang H.-S., Lee K. S., Kim S.-W. & Eun-Sook Lee E.-S., 2009. Fatty fish and fish omega-3 fatty acid intakes decrease the breast cancer risk : a case-control study. BMC Cancer, 9 : 216

http://www.biomedcentral.com/1471-2407/9/216.Consulté le 17/05/2011.

Kimura Y., Kono S., Toyomura K., Nagano J., Mizoue T., Moore M. A., Mibu R., Tanaka M., Kakeji Y., Maehara Y., Okamura T., Ikejiri K., Futami K., Yasunami Y., Maekawa T., Takenaka K., Ichimiya H. & Imaizumi N., 2007. Meat, fish and fat intake in relation to subsite-specific risk of colorectal cancer : the Fukuoka Colorectal Cancer Study. Cancer Science, 98, 590-597.

Kolanowski J., 2004. Rôle du tissu adipeux dans la physiopathologie de l'obésité et de ses complications métaboliques. Feuillets de Biologie, 45 (257), 25-31.

Kornbrust D. J. & Mavis R. D., 1980. Relative susceptibility of microsomes from lung, heart, liver, kidney, brain and testes to lipid peroxidation. Lipids, 15, 315-322.

Kouba M., Mourot J. & Peiniau P., 1997. Stearoyl-CoA desaturase activity in adipose tissues and liver of growing Large White and Meishan pigs. Compendium of Biochemistry, Physiology B : Biochemical and Molecular Biology, 118, 509-514.

Kouba M. & Mourot J., 1998. Effect of a high linoleic acid diet on stearoyl-CoA-desaturase activity, lipogenesis and lipid composition of pig subcutaneous adipose tissue.
Reproduction Nutrition Development, 38, 31-37.

Kouba M. & Mourot J., 1999. Effect of high linoleic acid diet on lipogenic enzyme activies and on the composition of the lipid fraction of fat and lean tissues in the pig.
Meat Sciences, 52, 39-45.

Kouba M., Enser M., Whittington F. M., Nute G. R. & Wood J. D., 2003. Effect of high-linolenic acid diet on lipogenic enzyme activities, fatty acids composition and meat quality in the growing pig. Journal of Animal Science, 81, 1967-1979.

Kouba M., 2006. Effect of dietary omega-3 fatty acids on meat quality of pigs and poultry. In M. C. Teale (Ed.), Omega-3 fatty acid research, pp : 225–239. New York : Nova Publishers.

Kouba M., Benatmane F., Blochet J. E., Mourot J., 2008. Effect of linseed die ton lipid oxidation, fatty acid composition of muscle, perirenal fat, and raw and cooked rabbit meat. Meat Science, 80, 829-834.

Kris-Etherton P. M., Harris W.S. & Appel L. J., 2002. For the nutrition committee. Fish consumption, fish oil, omega-3 fatty acids, and cardiovascular disease. Circulation, 106 (21), 2747-2757.

Kumar S., Raina P. L., Nair R. B. & Amla B. L., 1994. Lipid profiles and fatty acid composition of broiler rabbit meat. Journal of Food Science & Technology, 31, 255-258.

Lagarde M., Gualde N. & Rigaud M., 1989. Metabolic interactions between eicosanoids in blood and vascular cells. Biochemical Journal, 257 (2), 313-320.

Lagarde M. & Lafont H., 2003. Impacts des facteurs nutritionnels et environnementaux, l'athérosclérose. In *L'athérosclérose :Physiopathologie, Diagnostics, Thérapeutiques*. Toussaint J. F., Jacob M. P., Lagrost L. & Chapman J., Editions Masson, Paris, pp : 537-546.

Larbier M. & Leclercq B., 1992. Nutrition et alimentation des volailles. Editions INRA, Paris, 349 p.

Larousse Agricole, 2002. Dictionnaire encyclopédique. Le monde paysan au XXIe siècle. 4e édition, 768 p.

Lavau M., Bazin R., Karaoghlanian Z. & Guichard C., 1982. Evidence for a high fatty acid synthesis activity in interscapular brown adipose tissue of genetically obese Zucker rats. Biochemical Journal, 204, 503-507.

Lebas F. & Ouhayoun J., 1987. Incidence du niveau protéique de l'aliment, du milieu d'élevage et de la saison sur la croissance et les qualités bouchères du lapin. Annales de Zootechnie, 36 (4), 421-432.

Lebas F. & Colin M., 1992. World rabbit production and research. Situation in 1992. Proc. 5th World Rabbit Congress, Corvallis, USA, vol. A, 29-54.

Lebas F., Coudert P., Rochambeau H. & Thébault R. G., 1996. Le lapin : Elevage et pathologie (nouvelle version revisitée). FAO éditeur, Rome, 227 p.

Lebas F. & Colin M., 2000. Production et consommation de viande de lapin dans le monde. Estimation en l'an 2000. Jornadas Internacinas du Cunicultura, 24-25 novembre, Vila Real (Portugal), 3-12.

Lebas F. & Combes S., 2001. Quel mode d'élevage pour un lapin de qualité ? Colloque annuel, Valicentre, Chambray-Les-Tours, France, 29-39.

Lebas F., 2002. La biologie du lapin. http://www.cuniculture.info/Docs/indexbiol.htm. Consulté le 07/06/2011.

Lebas F., 2007. Acides gras en oméga 3 dans la viande de lapin : Effets de l'alimentation.
Cuniculture Magazine, 34, 15-20.

Leblanc J. C., 2006. Etude des Consommations Alimentaires des produits de la mer et Imprégnation aux éléments traces, PolluantS et Oméga 3 (CALIPSO). 162 pages.

Lebret B. & Mourot J., 1998. Caractéristiques et qualité des tissus adipeux chez le porc. Facteurs de variation non génétiques. INRA Productions Animales, 11 (2), 131-143.

Lebret B., 2004. Conséquences de la rationalisation de la production porcine sur les qualités des viandes. INRA Productions Animales, 17 (2), 79-91.

Lecerf J.-M., 2004. Poisson, acides gras oméga 3 et risque cardiovasculaire : données épidémiologiques. Cahiers de Nutrition et de Diététique, 39, 143-150.

Lecerf J. –M., 2009. Etude nutritionnelle de la viande de lapin. Lapin de France, 16 p.
http://www.lapin.fr/IMG/pdf/ETUDE_NUTRI_LAPIN_CLIPP.pdf. Consulté le 22/05/2011.

Leclercq B., 1989. Possibilités d'obtention et intérêt des génotypes maigres en aviculture. INRA Productions Animales, 2, 275-286.

Lee S., Decker E. A., Faustman C. & Mancini R. A., 2005. The effects of antioxidant combinations on color and lipid oxidation in n-3 oil fortified ground beef patties. Meat Science, 70, 683-689.

Leeson S. & Summers J. D., 2001. Scott's nutrition of the chicken. 4 th edition. Guelph, Ontario, Canada, University Books, 414 p.

Lefèvre P., Tripon E., Plumelet C., Douaire M. & Diot C., 2001. Effects of polyunsaturated fatty acids and clofibrate on chicken stearoyl-coA desaturase 1 gene expression. Biochemical and Biophysical Research Communications, 280 (1), 25-31.

Legrand P. & Mourot J., 2002. Le point sur les apports nutritionnels conseillés enacides gras, implication sur les lipides de la viande. 9èmes JSMTV, 15 et 16 octobre, Clermont-Ferrand.

Legrand P., 2003. Données récentes sur les désaturases chez l'animal et l'homme. Cahiers de Nutrition et de Diététique, 38 (6), 376-383.

Leikin A. I. & Brenner R. R., 1988. In vivo cholesterol removal from liver microsomes induces changes in fatty acid desaturase activities. Biochimica Biophysica Acta, 963, 311-319.

Leskanich C. O., Matthews K. R., Warkup C. C., Noble R. C. & Hazzledine M., 1997. The effect of dietary oil containing (n-3) fatty acids on the fatty acid, physiochemical and organoleptic characteristics of pig meat and fat. Journal of Animal Science, 75, 673-683.

Lessire M., 1995. Qualité des viandes de volaille : le rôle des matières grasses alimentaires. INRA Productions Animales, 8 (5), 335-340.

Lessire M., 2001. Matières grasses alimentaires et composition lipidique des volailles. INRA Productions Animales, 14 (5), 365-370.

Libermann N. C., 1885. Uber das oxychinoterpen. Ber. Deut. Chem. Ges., 18, 1803.

Lin C. F., Asghar A., Gray J. I., Buckley D. J., Booren A. M., Crackel, R. L. & Flegal C. J., 1989. Effects of oxidised dietary oil and antioxidant supplementation on broiler growth and meat stability. British Poultry Science, 30, 855–864.

Logan A. C., 2003. Neurobehavioral aspects of omega-3 fatty acids : possible mechanisms and therapeutic value in major depression. Alternative Medicine Review, 8 (4), 410-425.

Logas D., Beale K. M. & Bauer J. E., 1991. Potential clinical benefits of dietary supplementation with marine-life oil. Journal of the American Veterinary Medical Association, 199 (11), 1631-1636.

Lopez-Bote C., Rey A., Ruiz J., Isabel B. & Sanz Arias R., 1997a. Effect of feeding diets high in monoinsattured fatty acids and alpha-tocopheryl acetate to rabbits on resulting carcass fatty acid profile and lipid oxidation. Animal Science, 64, 177-186.

Lopez-Bote C. J., Rey A. I., Sanz M., Gray J. I. & Buckley J. D., 1997b. Dietary vegetable oils and α–tocopherol reduce lipid oxidation in rabbit muscle. Journal of Nutrition, 127 (6), 1176-1182.

Lopez-Ferrer S., Baucells M. D., Barroeta A. C. & Grashorn M. A., 1999a. N-3 enrichment of chicken meat using fish oil : Alternative substitution with rapeseed and linseed oils. Poultry Science, 78, 356-365.

Lopez-Ferrer S., Baucells M. D., Barroeta A. C. & Grashorn M. A., 1999b. PUFA losses after cooking of chicken meat. In Proceedings of the

XIVth European Symposium on the Quality of Poultry Meat (pp : 197-202), Bologna, Italy.

Lopez-Ferrer S., Baucells M. D., Barroeta A. C., Galobart J. & Grashorn M. A., 2001. n-3 Enrichment of chicken meat. 2. Use of precursors of long chain polyunsaturated fatty acids : Linseed oil. Poultry Science, 80, 753–761.

Luc G., Lecerf J. M., Bard J. M., Hachulla E., Fruchart J. C. & Devulder B., 1991. Cholestérol et athérosclérose. Edition Masson, Paris, 241 p.

MA., 2003. In Yousfi Z., 2006. Elevage de poulet de chair en conditions de production locales. Analyses des performances d'engraissement. Th. Ing. Sci. Agr., Tizi-Ouzou, 56 p.

Maertens L., 1998. Fats in rabbit nutrition : a review. World Rabbit Science, 6 (3-4), 341-348.

Magdelaine P., 2003. Economie et avenir des filières avicoles et cunicoles. INRA Productions Animales, 16, 349-356.

Maltin C., Balcerzak D., Tilley R. & Delday M., 2003. Determinants of meat quality: tenderness. Proceedings of the Nutrition Society, 62, 337–347.

Mamalakis G., Kafatos A., Tornaritis M. & Alevizos B., 1998. Anxiety and adipose essential fatty acid precursors for prostaglandin E1 and E2. Journal of the American College of Nutrition, 17 (3), 239-243.

Manso T., Bodas R., Castro T., Jimeno V. & Mantecon A. R., 2009. Animal performance and fatty acid composition of lambs fed with different vegetable oils. Meat Science, 83, 511-516.

Marquardt A., Stohr H., White K. & Weber B. H., 2000. cDNA Cloning, genomic structure, and chromosomal localization of three members of the human fatty acid desaturase family. Genomics, 66 (2), 175-183.

Martinez M., Ichaso N., Setien F., Durany N., Qiu X., Roesler W., 2010. The Δ 4-desaturation pathway for DHA biosynthesis is operative in the human species : Differences between normal controls and children with the Zellweger syndrome. Lipids in Health and Disease, 9 : 98.

Martinod S., 2011. DHA et système nerveux : Etat des lieux. Monographie technique. Arcanatura, 13 p.

http://www.arcanatura.com/site/images/stories/arcanatura/Documents/monographietechniqueDHAsystemenerv.pdf. Consulté le 31/05/2011.

Massiera F., Saint-Marc P., Seydoux J., Murata T., Kobayashi T., Narumiya S., Guesnet P., Amri E.Z., Négrel R., Ailhaud G., 2003. Arachidonic acid and prostacyclin signaling promote adipose tissue development : a human health concern ? Journal of Lipid Research, 44, 271-279.

Matthews K. R., Homer D. B., Thies F. & Calder P. C., 2000. Effect of whole linseed (*Linum usitatissimun*) in the diet of finishing pigs on growth performance and on the quality and fatty acid composition of various tissues. British Journal of Nutrition, 83, 637-643.

Mayes P. A., 1989. Oxydation et biosynthèse des acides gras, pp : 222-234. In *Précis de Biochimie de Harper*. 7ème édition. Granner D. K., Mayes P. A., Murray R. K., Rodwell V. W. Ed. Presses de l'Université Laval (Québec).

McNamara R. K. & Carlson S. E., 2006. Role of omega-3 fatty acids in brain development and function : potential implications for the pathogenesis and prevention of psychopathology. Prostaglandins, Leukotrienes and Essential Fatty Acids, 75 (4-5), 329-349.

Milner J. A. & Allison R. G., 1999. The Role of Dietary Fat in Child Nutrition and Development : Summary of an ASNS Workshop. Issues and Opinions in Nutrition. Journal of Nutrition, 129, 2094 –2105.

Mimouni V. & Poisson J. P., 1990. Spontaneous diabetes in BB rats : evidence for insuli dependent liver microsomal delta-6 and delta-5 desaturase activities. Hormone and Metabolic Research, 22, 405-407.

Miyazaki M., Dobrzyn A., Man W. C., Chu K., Sampath H., Kim H. J. & Ntambi J. M., 2004. Stearoyl-CoA desaturase 1gene expression is necessary for fructose-mediated induction of lipogenic gene expression by sterol regulatory element-binding protein-1c-dependent and independent mechanisms. The Journal of Biological Chemistry, 279 (24), 25164-25171.

Moatti N. & Baudin B., 2007. Cétogenèse. In **Vaubourdolle M.** Biochimie, hématologie. Tome 2. 3ème édition. Collection Le Moniteur Internat, pp 165-196.

Monahan F. J., Buckley D. J., Morrissey P. A., Lynch P. B. & Gray J. I., 1992. Influence of dietary fat and α-tocopherol supplementation on lipid oxidation in pork. Meat Science, 31, 229-241.

Monin G., 2003. Abattage des porcs et qualités des carcasses et des viandes. INRA Productions Animales, 16 (4), 251-262.

Moreau P., 1993. La micronutrition clinique en biologie et en pratique clinique. Editions Lavoisier, Tec & Doc, 132 pages.

Morgan C. A., Noble R .C., Cocchi M. & McCartney R., 1992. Manipulation of the fatty acid composition of pig meat lipids by dietary means. Journal of the Science of Food and Agriculture, 58, 357-368.

Mori T.A., Puddey I.B., Burke V., Croft K.D., Dunstan D.W., Rivera J.H., Beilin L.J., 2000. Effect of omega 3 fatty acids on oxidative stress in humans: GC-MS measurement of urinary F-2-isoprostane excretion. Redox Report, 5(1), 45-46.

Mori T.A., Woodman R.J., Burke V., Puddey I.B., Croft K.D., Beilin L.J. 2003. Effect of eicosapentaenoic acid and docosahexaenoic acid on oxidative stress and inflammatory markers in treated-hypertensive type 2 diabetic subjects. Free Radical Biology and Medicine, 35(7), 772-781.

Morris M. C., Sacks F. & Rosner B., 1993. Does fish oil lower blood pressure ? A meta-analysis of controlled trials. Circulation, 88, 523-533.

Morrison W. R. & Smith L. M., 1964. Preparation of fatty acid methyl esters and dimethyl acetals from lipids with boron fluoride methanol. Journal of Lipid Research, 5, 600-608.

Mounier C., 1994. Clonage et caractérisation de la partie promotrice du gène aviaire de l'acétyl-CoA carboxylase. Laboratoire de Génétique Animale, Rennes, INRA/ENSAR.

Mourot J., Aumaitre A., Mounier A. & Wallet P., 1992. Interaction entre vitamine E et acide linoléique alimentaire sur la composition de la carcasse, la qualité et la conservation des lipides de la viande de porc. Sciences des Aliments, 12, 743-755.

Mourot J., Kouba M. & Peiniau P., 1995. Comparative study of in vitro lipogenesis in various adipose tissues in the growing domestic pig (Sus domesticus). Comparative Biochemistry and Physiology Part B : Biochemistry and Molecular biology, 111, 379-384.

Mourot J., Kouba M. & Salvatori G., 1999. Facteurs de variation de la lipogenèse dans les adipocytes et les tissus adipeux chez le porc. INRA Productions Animales, 12 (4), 311-318.

Mourot J., 2001. Mise en place des tissues adipeux sous-cutané et intramusculaires et facteurs de variation quantitatifs et qualitatifs chez le porc. INRA Productions Animales 14 (5), 355-363.

Mourot J. & Hermier D., 2001. Lipids in monogastric animal meat. Reproduction Nutrition Development, 41, 109-118.

Mourot J., 2004. Du contrôle de la masse adipeuse chez les animaux de rente. Bulletin de l'Académie Vétérinaire de France, tome 157, supplément au N° 3, pp : 29-34.

Mourot J., Mourot B. -P. & Kerhoas N., 2009. Comment consommer davantage d'acides gras n-3 sans modifier nos pratiques alimentaires. NAFAS, 7 (4), 3-11.

Mourot J., 2010a. Modification des pratiques d'élevage : conséquences pour la viande de porc et autres monogastriques. Cahiers de Nutrition et de Diététique, 45,320-326.

Mourot J., 2010b. Que peut-on attendre des pratiques d'élevage pour la viande de porcs et autres monogastriques ? Oléagineux, Corps gras, Lipides, 17 (1), 37-42.

Mourot J., Arturo-Schaan M. & Foret R., 2010. Effet de la durée de distribution dans le régime d'antioxydants végétaux sur l'oxydation des acides gras de la viande de porc et des produits transformés. 13èmes Journées Science du Muscle et Technologies des Viandes (JSMTV), 19 et 20 octobre, Clermont-Ferrand, France, pp : 57-58.

Muskiet F. A., Fokkema M. R., Schaafsma A., Boersma E. R., Crawford M. A., 2004. Is docosahexaenoic acid (DHA) essential ? Lessons from DHA status regulation, our ancient diet, epidemiology and randomized controlled trials. The Journal of Nutrition, 134 (1), 183-186.

Nakamura M. T. & Nara T. Y., 2002. Gene regulation of mammalian desaturases. Biochemical Society Transactions, 30 (Pt 6), 1076-1079.

Nakamura M. T. & Nara T. Y., 2003. Essential fatty acid synthesis and its regulation in mammals. Prostaglandins, Leukotrienes and Essential Fatty Acids, 68, 145-150.

Nakamura M. T. & Nara T. Y., 2004. Structure, function and dietary regulation of $\Delta 6$, $\Delta 5$ and $\Delta 9$ desaturases. Annual Review of Nutrition, 24, 345-376.

Nakamura M. T., Cheon Y., Li Y. & Nara T. Y., 2004. Mechanisms of regulation of gene expression by fatty acids. Lipids, 39, 1077–1083.

Niki E., Yoshida Y., Saito Y. & Noguchi N., 2005. Lipid peroxidation: mechanisms, inhibition, and biological effects. Biochemical and biophysical research communications, 338, 668-676.

Nir I., Nistsan Z. & Keven-Zvi S., 1988. Fat deposition in birds, pp : 141-174. In *Leanness in Domestic Birds : Genetic, Metabolic and Hormonal Aspects*. Leclercq B. & Whitehead C. C. Ed. Butterworth-Heinemann-Ltd, Oxford, GB.

Ntambi J. M., Sessler A. M. & Takova T., 1996. A model cell line to study regulation of stearoyl-CoA desaturase gene 1 expression by insulin and polyunsaturated fatty acids. Biochemical and biophysical research communications, 220, 990-995.

Ntambi J. M. & Bené H., 2001. Polyinsaturated Fatty Acid Regulation of Gene Expression. Journal of Molecular Neuroscience, 16 (2), 273-278.

Ntambi J. M., Miyazaki M., Stoehr J. P., Lan H., Kendziorski C. M., Yandell B. S., Song Y., Cohen P., Friedman J. M. & Attie A. D., 2002. Loss of stearoyl-CoA desaturase-1 function protects mice against adiposity. Proceedings of the Natinal Academy of Sciences of USA, 99 (17), 11482-11486.

Ntambi J. M. & Miyazaki M., 2004. Regulation of stearoyl-CoA desaturases and role in metabolism. Progress in Lipid Research, 43 (2), 91-104.

Obukowicz M. G., Raz A., Pyla P. D., Rico J. G., Wendlin J. M. & Needleman P., 1998. Identification and characterization of a novel $\Delta 6/\Delta 5$ fatty acid desaturase inhibitor as a potential anti-inflammatory agent. Biochemical Pharmacology, 55 (7), 1045-1058.

Oriani G., Salvatori G., Pastorelli G., Pantaelo L., Ritieni A. & Corino C., 2001. Oxidative status of plasma and muscle in rabbits supplemernted with dietary vitamin E. The Journal of Nutritional Biochemistry, 12, 138-143.

Otto S. J., de Groot R. H. M. & Hornstra G., 2003. Increased risk of postpartum depressive symptoms is associated with slower normalization after pregnancy of the functional docosahexaenoic acid status. Prostaglandins, Leukotrienes and Essential Fatty Acids, 69 (4), 237-243.

Ouhayoun J., 1989. La composition corporelle du lapin : facteurs de variation. INRA Productions Animales, 2 (3), 215-226.

Ouhayoun J. & Delmas D., 1989. La viande de lapin : composition de la fraction comestible de la carcasse et des morceaux de découpe. Cuni-Sciences, 5, 1-6.

Papadopoulos G., 1987. Fullfat soybeans in poultry diets. American Soybean Association. Bruxelles, Belgique. 12 pp.

Patureau-Mirand P. & Remond D., 2001. Viande et nutrition protéique : Une place confortée par les nouvelles connaissances. Viandes Produits Carnés, 22, 103-107.

Peluffo R.O. & Brenner R. R., 1974. Influence of dietary protein on 6- and 9-desaturation of fatty acids in rats of different ages and in different seasons. The Journal of Nutrition, 104, 894-900.

Petracci M., Bianchi M. & Cavani C., 2009. Development of rabbit meat products fortified with n–3 polyunsaturated fatty acids. Nutrients ; 1, 111–118.

Plourde M. & Cunnane S. C., 2007. Extremely limited synthesis of long chain polyunsaturates in adults : implications for their dietary essentiality and use as supplements. Applied Physiology, Nutrition, and Metabolism, 32, 619-634.

Ponte P. I. P., Alves S. P., Bessa R. J. B., Ferreira L. M. A., Gama L. T., Bra´s J. L. A., Fontes C. M. G. A. & Prates J. A. M., 2008. Influence of Pasture Intake on the Fatty Acid Composition, and Cholesterol, Tocopherols, and Tocotrienols Content in Meat from Free-Range Broilers. Poultry Science, 87, 80–88.

Raclot T., Grocolas R., Langin D. & Ferré P., 1997. Site-specific regulation of gene expression by n-3 polyunsaturated fatty acids in rat white adipose tissues. Journal of Lipid Research., 38 (10), 1963-1972.

Ramírez J. A., Diaz I., Pla M., Gil M., Blasco A. & Oliver M. A., 2005. Fatty acid composition of leg meat and perirenal fat of rabbits selected by growth rate. Food Chemistry, 90, 251-256.

Rapoport S. I. & Bosetti F., 2002. Do lithium and anticonvulsants target the brain arachidonic acid cascade in bipolar disorder ? Archives of General Psychiatry, 59 (7), 592-596.

Ratnayake W. M. N., Ackman R. G. & Hulan H W., 1989. Effect of redfish meal enriched diets on the taste and n-3 PUFA of 42-day-old broiler chickens. Journal of the Science of Food and Agriculture, 49, 59-74.

Raude J., 2008. La place de la viande dans le modèle alimentaire français. Cahiers de Nutrition et de Diététique, 43, Hors-série 1, 1S19-1S28.

Renand G., C. Larzul C., Le Bihan-Duval E. & Le Roy P., 2003. L'amélioration génétique de la qualité de la viande dans les différentes espèces : situation actuelle et perspectives à court et moyen terme. INRA Productions Animales, 16 (3), 159-173.

Ricard F. H., 1990. Contrôle génétique de la qualité des carcasses de volailles. CIHEAM-Options Méditerranéennes, série A, n° 7, pp : 29-38.

Richardson A. J. & Puri B. K., 2002. A randomized double-blind, placebo-controlled study of the effects of supplementation with highly unsaturated fatty acids on ADHD-related symptoms in children with specific learning difficulties. Progress in Neuro-psychopharmacology and Biological Psychiatry, 26 (2), 233-239.

Riley P. A., Enser M., Nute G. R. & Wood J. D., 2000. Effects of dietary linseed on nutritional value and other quality aspects of pig muscle and adipose tissue. Animal Science, 71, 483–500.

Robelin J. & Casteilla L., 1990. Différenciation, croissance et développement du tissu adipeux. INRA Productions Animales, 3 (4), 243-252.

Robertfroid M., 2002. Aliments fonctionnels. Editions Lavoisier, Tec & Doc, 484 pages.

Roger L., 2011. Les atouts nutritionnels de la volaille. Saveur du monde. http://www.saveursdumonde.net/produits/articles/volaille-nutrition/. Consulté le 12/03/2011.

Rose D. P. & Connolly J. M., 1992. Dietary fat, fatty acids and prostate cancer : Lipids in cancer. Lipids, 27 (10), 798-803.

Rouvier R., 1970. In Bonneau M., Touraille C., Pardon P., Lebas F., Fauconneau B. & Remignon H., 1996. Amélioration de la qualité des carcasses et des viandes. INRA Productions Animales, Hors série, 95-110.

Ruiz J. A., Guerrero L., Arnau J., Guardia M.D. & Esteve-Garcia E., 2001. Descriptive sensory analysis of meat from broilers fed diets containing vitamine E or β-carotene as antioxidants and different supplement fats. Poultry Science, 80, 976-982.

Russo G. L., 2009. Dietary n-6 and n-3 polyunsaturated fatty acids: from biochemistry to clinical implications in cardiovascular prevention. Biochemical Pharmacology, 77(6), 937-946.

Saadoun A. & Leclercq B., 1987. In vivo lipogenesis of genetically lean and fat chickens : effects of nutritional state and dietary fat. The Journal of Nutrition, 117, 428-435.

Salati L. M. & Amir-Ahmedy B., 2001. Dietary Regulation of expression of glucose-6-phosphate dehydrogenase. Annual Review of Nutrition, 21, 121-140.

Sampath H. & Ntambi J. M., 2005. Polyunsaturated fatty acid regulation of genes of lipid metabolism. Ann Rev Nut 25, 317-40.

SanGiovanni J. P., Chew E. Y., 2005. The role of omega-3 long-chain polyunsaturated fatty acids in health and disease of the retina. Progress in Retinal and Eye Research, 24 (1), 87-138.

Santé V., Fernandez X., Monin G. & Renou J. -P., 2001. Nouvelles méthodes de mesure de la qualité des viandes de volaille. INRA Productions Animales, 14 (4), 247-254.

SAS, 1999. SAS/STAT® User4s Guide (Release 8.1). SAS Inst. Inc., Cary, NY.

Sauvant D., Perez J. M. & Tran G., 2002. Tables de composition et de valeur nutritive des matières premières destinées aux animaux d'élevage : porcs, volailles, bovins, ovins, caprins, lapins, chevaux, poissons. INRA Editions et AFZ, Paris, 304 p.

Sauveur B., 1997. Les critères et facteurs de qualité des poulets Label Rouge. INRA Productions Animales, 10, 219-226.

Scaiffe J. R., Moyo J., Galbaith H., Michie W., Campbell V., 1994. Effect of different dietary supplemental fats and oil on the tissue fatty acid composition and growth of female broilers. British Poultry Science, 35, 107-118.

Schmitt B., 2011. Rôle du rapport oméga 6 /oméga 3 dans la prévention des maladies cardiovasculaires et métaboliques. http://duchampalatable.inist.fr/spip.php?article113. Consulté le 23/05/2011.

Schmitz G. & Ecker J., 2008. The opposing effects of n-3 and n-6 fatty acids. Progress in Lipid Research, 47 (2), 147-155.

Schwab J. M. & Serhan C. N., 2006. Lipoxins and new lipid mediators in the resolution of inflammation. Current Opinion in Pharmacology, 6 (4), 414-420.

Schwarz J. M, Linfoot P., Dare D. & Aghajanian K., 2003. Hepatic de *novo* lipogenesis in normoinsulinemic and hyperinsulinemic subjects consuming high-fat, low-carbohydrate and low-fat, high-carbohydrate isoenergetic diets. The American Journal of Clinical Nutrition, 77 (1), 43-50.

Scollan N. D., Choi N.-J. , Kurt E., Fisher A. V., Enser M., Jeff D. & Wood J. D., 2001. Manipulating the fatty acid composition of muscle and adipose tissue in beef cattle. British Journal of Nutrition, 85, 115-124.

Shahin K. A. & Abd El Azeem F., 2006. Effects of breed, sex and diet and their interactions on fat deposition and partitioning among depots of broiler chickens. Arch. Tierz., Dummerstorf, 49 (2), 181-193.

Shanklin J. & Somerville C., 1991. Stearoyl-acyl-carrier-protein desaturase from higher plants is structurally unrelated to the animal and fungal homologs. Proceedings of the National Academy of Sciences of U.S.A., 88 (6), 2510–2514.

Shivaprasad H.L., Crespo R., Puschner B., Lynch S., & Wright L., 2002. Myopathy in brown pelicans (Pelicanus occidentalis) associated with rancid feed. Veterinary Record, 150, 307-311.

Simopoulos A. P., 2002. The importance of the ratio of omega-6/omega-3 essential fatty acids. Biomedical Pharmacotherapy., 56 (8), 365-379.

Simopoulos A.P., 2010. The omega-6/omega-3 fatty acid ratio: health implications. Oléagineux, Corps Gras, Lipides., 17 (5), 267-275.

Siscovick D. S., Raghunathan T. E., King I., Weinmann S., Wicklund K. G., Albright J., Bovbjerg V., Arbogast P., Smith H., Kushi L. H., Cobb L. A., Copass M. K., Psaty B. M., Lemaitre R., Retzlaff B., Childs M. & Knopp R. H., 1995. Dietary Intake and Cell Membrane Levels of Long-Chain n-3 Polyunsaturated Fatty Acids and the Risk of Primary Cardiac Arrest. JAMA., 274 (17), 1363-1367.

Spahis S., Vanasse M., Belanger S. A., Ghadirian P., Grenier E. & Levy E., 2008. Lipid profile, fatty acid composition and pro- and anti-oxidant status in pediatric patients with attention-deficit/hyperactivity disorder. Prostaglandins Leukotrienes and Essential Fatty Acids, 79 (1-2), 47-53.

Sparks J. D. & Sparks C. E., 1994. Insulin regulation of triacylglycerol-rich lipoprotein synthesis and secretion. Biochimica et Biophysica Acta, 1215, 9-32.

Stoffel W., Holz B., Jenke B., Binczek E., Günter R. H., Kiss C., Karakesisoglou I., Thevis M., Weber A.-A., , Stephan Arnhold S., & Addicks K., 2008. Δ6-Desaturase (FADS2) deficiency unveils the role of ω3- and ω6-polyunsaturated fatty acids.
EMBO J., 27 (17), 2281–2292.

Storlien L. H., Jenkins A. B., Chisholm D. J., Pascoe W. S., Khouri S. & Kraegen E. W., 1991. Influence of dietary fat composition on development of insulin resistance in rats. Relationship to muscle triglyceride and omega-3 fatty acids in muscle phospholipid. Diabetes, 40 (2), 280-289.

Szabo A., Febel H., Dalle Zotte A., Mezes M., Szendro Z. & Romvari R., 2004. Reversibility of the changes of rabbit acid profile. Italian Journal of Food Science, 16 (1), 69-77.

Tanskanen A., Hibbeln J. R., Tuomilehto J., <u>Uutela A.</u>, <u>Haukkala A.</u>, <u>Viinamäki H.</u>, <u>Lehtonen J.</u> & <u>Vartiainen E.</u>, 2001. Fish consumption and depressive symptoms in the general population in Finland. Psychiatr Serv., 52, 529-531.

Tesseraud S. & Temim S., 1999. Modifications métaboliques chez le poulet de chair en climat chaud : conséquences nutritionnelles. INRA Productions Animales, 12 (5), 353-363.

Testai F. D. & Gorelick P. B., 2010. Fabry Disease and mitochondrial myopathy, encephalopathy, lactic acidosis and strokelike episodes.
Archives of Neurology, 67 (1), 19-24.

Thies F., Peterson L. D., Powell J. R., Nebe-von-Caron G., Hurst T. L., Matthews K. R., Newsholme E. A. & Calder P. C., 1999. Manipulation of the type of fat consumed by growing pigs affects plasma and monoculear cell fatty acid compositions and lymphocyte and phagocyte functions. Journal of Animal Science, 77 (1), 137-147.

Torrejon C., Jung U. J. & Deckelbaum R. J., 2007. n-3 Fatty acids and cardiovascular disease : Actions and molecular mechanisms. Prostaglandins Leukotrienes and Essential Fatty Acids, 77, 319-326.

Uauy R., Hoffman D. R., Peirano P., Birch D. G. & Birch E. E., 2001. Essential fatty acids in visual and brain development. Lipids, 36 (9), 885-895.

UMVF, 2011. Université Médicale Virtuelle Francophone. Substrats énergétiques : les lipides. http://umvf.univ-nantes.fr/nutrition/enseignement/nutrition_6/site/html/3_31_1.html#. Consulté le 21/06/2011.

Veldkamp T., Ferket P. R., Kwakkel R. P., Nixey C. & NoordhuizenT. M., 2000. Interaction between ambient temperature and supplementation of synthetic amino acids on performance and carcass parameters in commercial male turkeys. Poultry Science, 79, 1472-1477.

Verdelhan S., Bourdillon A., Renouf B. & Audoin E., 2005. Effet de l'incorporation de 2% d'huile de lin dans l'aliment sur les performances zootechniques et sanitaires de lapins en croissance. 11èmes Journées de la Recherche Cunicole, 29-30 novembre, Paris.

Vernon R. G., 1980. Lipid metabolism in the adipose tissue of ruminant animals. Progress Lipid Research, 19, 23-106.

Vernon R. G., Barber M. C. & Travers M. T., 1999. Développements récents dans les études de la lipogenèse chez l'Homme et chez les oiseaux. INRA Productions Animales, 12 (4), 319-327.

Vest L. & Duvall J., 1985. The evaluation of whole soybeans processed by three different methods on broiler performance. Special Report N° 292. Strain-Cagles Poultry Inc., Dalton, Géorgie, Etats-Unis.

Voet D. & Voet J. G., 2005. Biochimie. $2^{\text{ème}}$ édition. Ed. De Boeck, 1361 p.

Von Schacky C., 2006. A review of omega-3 ethyl esters for cardiovascular prevention and treatment of increased blood triglyceride levels. Vascular Health and Risk Management, 2 (3) 251–262.

Voss A., Reinhart M., Sankarappa S., Sprecher H., 1991. The metabolism of 7,10,13,16, 19-docosapentaenoic acid to 4,7,10,13,16,19-docosahexaenoic acid in rat liver is independent of a 4-desaturase. The Journal of Biological Chemistry, 266, 19995-20000.

Wang Y., Botolin D., Xu J., Christian B., Mitchell E., Jayaprakasam B., Nair M., Peters J. M., Busik J., Olson L. K. & Jump D. B., 2006. Regulation of hepatic fatty acid elongase and desaturase expression in diabetes and obesity. Journal of lipid research, 47 (9), 2028-2041.

Waters S. M., Kelly J. P., O'Boyle P., Moloney A. P. & Kenny D. A., 2009. Effect of level and duration of dietary n-3 polyunsaturated fatty acid supplementation on the transcriptional regulation of D9-desaturase in muscle of beef cattle. Journal of Animal Science, 87, 244-252.

Weber P. & Raederstorff D., 2000. Triglyceride-lowering effect of omega-3 LC-polyunsaturated fatty acids--a review. Nutr. Met. Cardiovasc. Dis., 10, 28-37.

Weill P., Schmitt B. & Legrand P., 2002. Introduction de graines de lin cuites dans du pain. Effets sur les paramètres lipidiques sanguins de consommateurs réguliers de pain. Nutr. Clin. Métabol., 16 (suppl. 1), 7-28.

Wertz P. W., 2009. Essential fatty acids and dietary stress. Toxicology and Industrial Healt., 25 (4-5), 279-283.

Whelan J. & Rust C., 2006. Innovative dietary sources of n-3 fatty acids. Annual Review of Nutrition, 26, 75-103.

Woelfel R. L., Owens C. M., Hirschler E. M., Martinez-Dawson R. & Sams A. R. 2002. The characterization and incidence of pale, soft, and exudative broiler meat in a commercial processing plant. Poultry Science, 81, 579-584.

Wongcharoen W. & Chattipakorn N., 2005. Antiarrhythmic effects of n-3 polyunsaturated fatty acids. Asia Pacific Journal of Clinical Nutrition, 14 (4), 307-312.

Wood J. D., Richardson R. I., Nute G. R., Fisher A. V., Campo M. M., Kasapidou E., Sheard P. R. & Enser M., 2003. Effects of fatty acids on meat quality : A review. Meat Science, 66, 21-32.

Wood J. D., Enser M., Fisher A. V., Nute G. R., Sheard P. R., Richardson R. I., Hughes S. I. & Whittington F. M., 2008. Fat deposition, fatty acid composition and meat quality : a review. Meat Science, 78, 343-358.

Xiccato G., 1999. Feeding and meat quality in rabbits : a review. World Rabbit Science, 7 (2), 75-86.

Yang P., Zhou Y., Chen B., Wan H. W., Jia G. Q., Bai H. L. & Wu X. T., 2010. Aspirin use and the risk of gastric cancer: a meta-analysis. Digestive Diseases & Sciences. 55, 1533-1539.

Ziki B., Moulla F. & Yakhlef H., 2008. Essai d'évaluation des performances de croissance et du rendement à l'abattage du lapin local. La Revue Périodique Recherche Agronomique, N° 19, INRAA.

Zinsoi C., 2011. Biosynthèse des lipides (lipogenèse). Chapitre 12. http://cbzinsou.pagesperso.-orange.fr/PDFDocuments/Chapitre12.pdf. Consulté le 08/06/2011.

Zsédely E., Tóth T., Eiben Cs., Virág Gy., Fábián J. & Schmidt J., 2008. Effect of dietary vegetable oil (sunflower, linseed) and vitamin E supplementation on the fatty acid composition, oxidative stability and quality of rabbit meat. 9th World Rabbit Congress, June 10-13, Verona , Italy, 1473-1477.

ANNEXES

Annexe 1 : Réactifs et solutions utilisés pour la mesure de l'activité de l'enzyme malique (EM) et de la glucose-6-P déshydrogénase (G6PDH)

	Dosage de l'EM	Dosage de la G6PDH
Tampon	Triéthanolamine 0,4 M pH = 7,4 à 25°C	Glycyl-glycine 0,25 M pH = 7,6 à 25°C
$MnCl_2$	0,12 M	-
$MgCl_2$	-	0,1 mM
NADP	3,4 mM	-
Malate	0,03 M	-
Glucose-6-P	-	0,2 M

Annexe 2 : Contenu des tubes blancs et essais utilisés pour la mesure de l'activité de l'enzyme malique (EM) et de le glucose-6-P déshydrogénase (G6PDH)

	Dosage de l'EM		Dosage de la G6PDH	
Solution (ml)	Essai	Blanc	Essai	Blanc
Tampon	0,500	0,500	3,000	3,000
$MnCl_2$	0,100	0,100	-	-
$MgCl_2$	-	-	0,100	0,100
NADP	0,200	0,200	0,100	0,100
Malate	0,050	-	-	-
Glucose-6-P	-	-	0,025	-
Eau bidistillée	2,000	2,050	-	-
Surnageant	0,150	0,150	0,150	0,150

Annexe 3 : Préparation des solutions pour la mesure de l'activité de la FAS

Solution d'homogénéisation (saccharose 0,25 M, DTT 1 mM, EDTA 1 mM)

Pour 200 ml :

-D-saccharose	0,25 M	17,2 g
-DTT	1 mM	30,8 mg
-EDTA	1 mM	74,4 mg
-Eau distillée	ajouter environ 180 ml	

Ajuster à pH 7,4 avec NaOH et compléter à 200 ml avec de l'eau distillée. Aliquoter par tubes de 50 ml. Ajouter une pastille d'inhibiteur de protéases (Complete®) dans chaque tube de 50 ml. Conserver à -20°C.

Tampon FAS phosphate de potassium pH 6,5

Solution 1 : K_2HPO_4	0,1 M	2,28 g/ qsp 100 ml H2O
Solution 2 : KH_2PO_4	0,1 M	2,72 g/ qsp 200 ml H2O

Ajuster le pH de la solution 2 jusqu'à obtenir un mélange à pH 6,5 (100 ml de solution 1 + environ 190 ml de solution 2).

Tampon à conserver par fraction de 50 ml à -20°C.

Solutions à préparer extemporanément et à conserver dans la glace pendant le dosage

Solution A (pour 40 ml de solution)

-NADPH	0,15 mM	5,0 mg
-Acétyl-CoA	61,7 µM	2 mg
-Tampon FAS (phosphate de potassium)		40 ml

Volume suffisant pour 16 échantillons (soit 2 ml de tampon par essai, 1 ml pour le blanc et 1 ml pour l'échantillon). A conserver dans la glace pendant le dosage.

Solution B (pour 2 ml de solution)

- Malonyl-CoA	0,6 mM	1 mg
-Tampon FAS (phosphate de potassium)		2 ml

Bien agiter car difficile à dissoudre. Volume suffisant pour 16 échantillons (soit 100 µl par échantillon). A conserver dans la glace pendant le dosage.

Annexe 4 : Préparation du tampon de broyage des échantillons de muscles pour le dosage de la HAD

C'est un mélange de solution 1 et de solution 2 de façon à avoir un pH de 7,5

Solution 1 : (Na2HPO$_4$ 0,1M, EDTA 2Mm) :

Na2HPO4 : 14,2 g

EDTA : 0,744 g

Eau bidistillée qsp 200 ml

Solution 2 : (Na2HPO$_4$, H$_2$O 0,1 M, EDTA 2mM) :

Na2HPO$_4$, H$_2$O : 2,76 g

EDTA : 0,1488 g

Eau distillée qsp 200 ml

Réactifs utilisés pour le dosage de la HAD

Tampon cinétique (Triéthanolamine 109 Mm, EDTA 5,429 mM, pH 7.0) :

Triéthanolamine : 4,065 g

EDTA : 0,505 g

Ajuster à pH 7,0 avec de l'acide chlorhydrique 37% (12 N).

Eau bidistillée qsp 250 ml.

Solution 2 :
- NADH : 12,2 mg
- Tampon cinétique : 25 ml

Solution 3 :

Solution d'acétoacétyl-CoA à 2 mg/ml : 1 ml

Tampon cinétique : 1 ml.

Annexe 5 : Préparation de la gamme étalon et des échantillons pour le dosage du cholestérol

1- Gamme étalon

La gamme étalon se fait en double à partir d'une solution de 1 mg/ ml de cholestérol. Une quantité de 15 mg de cholestérol est nécessaire pour réaliser une gamme (15 mg de cholestérol qsp 15 ml de chloroforme).

Concentration (mg/ml)	0	0,1	0,15	0,2	0,25	0,.5
Solution mère de cholestérol à 1 mg/ml (ml)	0	0,5	0,75	1	1,25	2,5
Chloroforme (ml)	5	4,5	4,25	4	3,75	2,5

Bien homogénéiser rapidement, puis ajouter dans chaque tube :

Anhydride acétique (ml)	4	4	4	4	4	4
Acide sulfurique (µl)	80	80	80	80	80	80

-Fermer les tubes, vortexer puis les couvrir de papier aluminium et laisser ainsi à l'obscurité pendant 30 minutes.

2- Préparation des échantillons

Une masse précise (mg) d'extraits lipidiques est pesée. Cette quantité est déterminée selon la concentration théorique de l'échantillon en cholestérol. La pesée se fait également en double : muscle : 50 mg ; foie : 30 mg. La masse est calculée de façon à ce que les résultats rentrent dans la gamme étalon. Ensuite, ajouter dans chaque tube :

Numéro du tube essai	1	2	3	Etc.
Chloroforme (ml)	5	5	5	5
Anhydride acétique (ml)	4	4	4	4
Acide sulfurique (µl)	80	80	80	80

Les tubes ensuite subissent le même traitement que la gamme étalon. La lecture se fait donc à 680 nm après les 30 minutes passées dans l'obscurité pour laisser la coloration se développer.

Annexe 6 : Composition en AG des différents morceaux analysés (mg / 100 g de tissu)

A)- Cuisses

Echantillon	Cuisses			
	Témoin	Lin	ETR	R
LT (%)	2,80	2,60	0,92	NS
C14:0	46,53	36,31	22,91	NS
C16:0	436,25	446,50	117,39	NS
C18:0	143,65	129,88	49,73	NS
C18:1	690,32	503,79	251,12	NS
C18:2	371,50	474,06	145,28	NS
C18:3	179,64	292,50	84,12	P<0,004
C20:5	4,85	6,44	1,16	P<0,05
C22:5	17,59	8,42	3,14	NS
C22:6	4	5	0,90	NS
Σ AGS	662,32	637,46	264,47	NS
Σ AGM	736,28	553,21	289,89	NS
Σ AGPI	594,58	816,79	235,82	NS
Σ AG n-6	381,41	482,43	147,74	NS
Σ AG n-3	209,09	329,51	87,45	P<0,04
AG n-6/n-3	1,83	1,47	0,16	P<0,0003
LA/ALA	2,15	1,63	0,36	P<0,01

ETR : Ecart-type résiduel.
R : Effet régime.

Annexe 6 : **Composition en AG des différents morceaux analysés (mg / 100 g de tissu) (Suite)**

B)- Epaules

Echantillon	Epaules			
	Témoin	Lin	ETR	R
LT (%)	4,09	4,96	1,53	NS
C14:0	81,19	81,14	41,8	NS
C16:0	735,05	877,74	338	NS
C18:0	236,47	268,79	97,55	NS
C18:1	1143,13	996,76	0,92	P<0,0001
C18:2	580,99	895,90	234,50	P<0,04
C18:3	312,00	593,82	148,61	P<0,008
C20:5	8,06	10,47	3,62	NS
C22:5	23,46	29,26	3,56	P<0,01
C22:6	5	7	1,01	P<0,03
Σ AGS	1112,03	1279,89	497,16	NS
Σ AGM	1216,02	1092,83	476,21	NS
Σ AGPI	957,67	1571,72	399,76	P<0,02
Σ AG n-6	594,16	910,44	239,37	P<0,04
Σ AG n-3	356,05	651,14	158,35	P<0,009
AG n-6/n-3	1,67	1,40	0,11	P<0,0001
LA/ALA	1,91	1,52	0	P<0,0001

ETR : Ecart-type résiduel.
R : Effet régime.

Annexe 6 : Composition en AG des différents morceaux analysés (mg / 100 g de tissu) (Suite)

C)- *Longissimus dorsi* (LD)

Echantillon	*Longissimus dorsi* (LD)			
	Témoin	**Lin**	**ETR**	**R**
LT (%)	2,17	2,71	0,58	NS
C14:0	31,04	36,56	1,4	NS
C16:0	337,21	423,60	109,75	NS
C18:0	114,54	134,59	30,29	NS
C18:1	477,03	579,79	183,76	NS
C18:2	306,85	430,44	94,97	P<0,05
C18:3	162,99	239,72	64,43	NS
C20:5	6,85	8,17	1,95	NS
C22:5	16,00	21,29	2,9	P<0,007
C22:6	4	5	0,87	NS
Σ AGS	504,39	619,71	160,19	NS
Σ AGM	514,62	630,66	206,77	NS
Σ AGPI	511,93	722,78	164,14	P<0,05
Σ AG n-6	314,25	439,96	95,45	P<0,04
Σ AG n-3	193,59	277,81	68,95	NS
AG n-6/n-3	1,65	1,60	0,19	NS
LA/ALA	1,97	1,82	0,46	NS

ETR : Ecart-type résiduel.
R : Effet régime.

Annexe 7 : Composition en AG des tissus adipeux interscapulaire et périrénal (mg / 100 g de tissu)

A)- TA interscapulaire

	TA interscapulaire			
	Témoin	Lin	ETR	Effet
Lipides totaux	57,53	51,83	9,47	NS
C14:0	1033	788	220,38	NS
C16:0	8164	7356	1648,62	NS
C18:0	2895	3185	461,66	NS
18:1 n-9	13738	8915	1758,6	P<0,002
18:2 n-6	6650	8417	881,96	P<0,01
18:3 n-3	3866	5682	573,58	P<0,001
20:4 n-6	185	42	72,25	P<001
20:5 n-3	121	76	68,19	NS
22:5 n-3	78	134	17,7	P<0,001
22:6 n-3	13	34	8,94	P<0,007
ΣAGS	12945	12095	2409,12	NS
ΣAGM	14515	9780	1928,28	P<0,005
ΣAGPI	11211	14823	1503,54	P<0,005
ΣAG n-6	6913	8592	914,73	P<0,02
ΣAG n-3	4202	6131	619,38	P<0,001
AG n-6/n-3	1,65	1,40	0,09	P<0,003
LA/ALA	1,72	1,48	0	P<0,0001

ETR : Ecart-type résiduel.
R : Effet régime.
TA : Tissu adipeux.

Annexe 7 : Composition en AG des tissus adipeux interscapulaire et périrénal (mg / 100 g de tissu) (Suite)

B)- TA périrénal

	TA périrénal			
	Témoin	Lin	ETR	Effet
Lipides totaux	72,07	75,56	7,62	NS
C14:0	1374	975	279,94	P<0,05
C16:0	11208	10971	1875,94	NS
C18:0	3632	2941	725,98	NS
18:1 n-9	18884	13020	1936,03	P<0,001
18:2 n-6	8922	12406	1120,74	P<0,001
18:3 n-3	5080	8381	865,19	P<0,0003
20:4 n-6	167	123	27,55	P<0,04
20:5 n-3	77	57	30,23	NS
22:5 n-3	93	128	25,99	NS
22:6 n-3	14	20	10,15	NS
ΣAGS	17354	15619	2806,28	NS
ΣAGM	20180	14259	2260,42	P<0,003
ΣAGPI	14788	21525	1900,26	P<0,0005
ΣAG n-6	9226	12635	1161,38	P<0,002
ΣAG n-3	5447	8782	835	P<0,0002
AG n-6/n-3	1,70	1,44	0,12	P<0,005
LA/ALA	1,77	1,48	0,39	P<0,04

ETR : Ecart-type résiduel.
R : Effet régime.
TA : Tissu adipeux.

Annexe 8 : Acides gras oméga 3 : Types d'allégation envisageables en fonction de la qualité nutritionnelle des aliments (Afssa, 2003a).

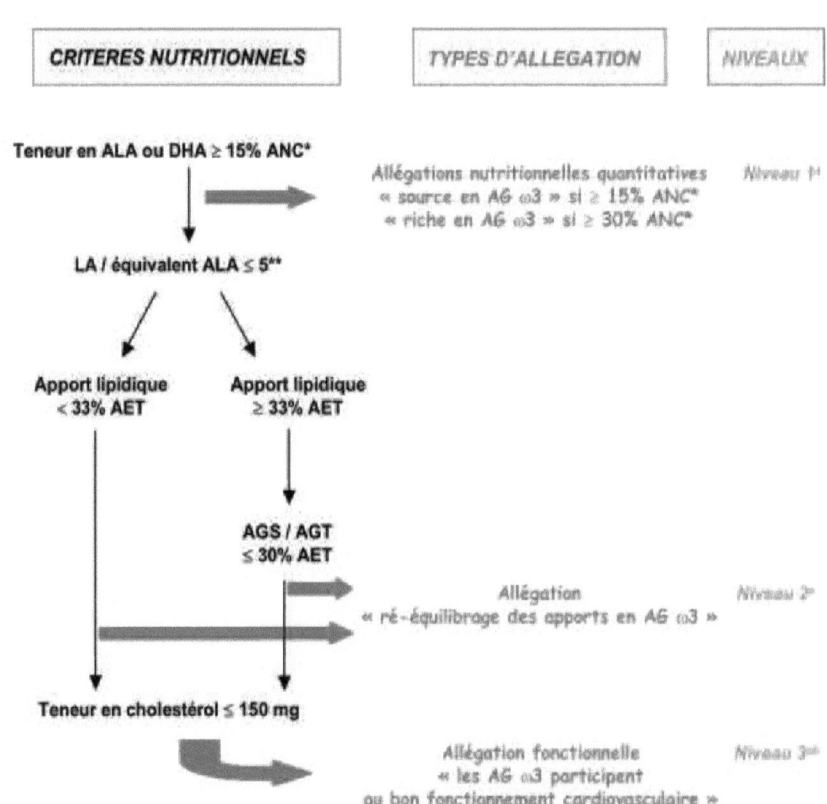

AG ω3 : acides gras oméga 3
LA : acide linoléique ; ALA : acide alpha-linolénique ; DHA : acide docosahexaénoïque ;
AGS : acides gras saturés ; AGT : acides gras totaux ; AET : apport énergétique total.
*: ANC de l'homme adulte fixé à 2 g/jour pour ALA et 120 mg/jour pour DHA.
**: le facteur de bioconversion du DHA et de l'EPA en acide alpha-linolénique est fixé à 10.
a : la population générale en bonne santé est utilisée comme référentiel.
b : les populations à risque cardiovasculaire élevé (prévention primaire et secondaire) sont utilisées comme référentiel.

i want morebooks!

Buy your books fast and straightforward online - at one of the world's fastest growing online book stores! Environmentally sound due to Print-on-Demand technologies.

Buy your books online at

www.get-morebooks.com

Achetez vos livres en ligne, vite et bien, sur l'une des librairies en ligne les plus performantes au monde!
En protégeant nos ressources et notre environnement grâce à l'impression à la demande.

La librairie en ligne pour acheter plus vite

www.morebooks.fr

OmniScriptum Marketing DEU GmbH
Heinrich-Böcking-Str. 6-8
D - 66121 Saarbrücken
Telefax: +49 681 93 81 567-9

info@omniscriptum.de
www.omniscriptum.de

Printed by Books on Demand GmbH, Norderstedt / Germany